明白

UNDERSTAND

涂梦珊——

著

中国友谊出版公司

图书在版编目（CIP）数据

明白／涂梦珊著 . -- 北京：中国友谊出版公司，
2020.9

ISBN 978-7-5057-4920-7

Ⅰ . ①明… Ⅱ . ①涂… Ⅲ . ①女性－人生哲学－通俗
读物 Ⅳ . ① B821-49

中国版本图书馆 CIP 数据核字 (2020) 第 102959 号

书名	明白
作者	涂梦珊
出版	中国友谊出版公司
发行	中国友谊出版公司
经销	新华书店
印刷	天津中印联印务有限公司
规格	880×1230 毫米　32 开
	9 印张　177 千字
版次	2020 年 9 月第 1 版
印次	2020 年 9 月第 1 次印刷
书号	ISBN 978-7-5057-4920-7
定价	46.80 元
地址	北京市朝阳区西坝河南里 17 号楼
邮编	100028
电话	(010) 64678009

世界上任何书籍都不能带给你好运，但是它们能让你悄悄成为你自己。

——赫尔曼·黑塞

目　录

序

我的奋斗——"衣柜创业" / Ⅰ

谈谈为什么写作这本书 / Ⅷ

第1章　不幸福的体验来自哪里？

变革与女性：被"解放"后的中国女性，为什么有的感到
　　　　　不"幸福"？ / 003

女性的压力：中国女性的压力从哪里来？ / 009

婚姻与幸福："追求婚姻幸福，可能本来就是一个错误" / 020

财富与幸福：金钱和快乐 / 027

第2章　年轻女孩要躲避的那些"坑"

"遇贵人" / 039

"甜言蜜语" / 044

"潜力股" / 050

"妈宝男" / 055

"盲目创业" / 060

"全职太太" / 067

第 **3** 章 **女性的自我修养**

女人与职场 / 077

女人与房子 / 086

女人与城市 / 098

女人与孩子 / 106

女人与男人 / 114

第 **4** 章 **名著内外女性故事的启示**

《红字》：女性主义的"五月花" / 125

简·奥斯汀：财产、婚姻、爱情 / 130

勃朗特三姐妹：虚幻的情感与现实的才华 / 136

《安娜·卡列尼娜》《包法利夫人》：死无葬身之地的爱情 / 142

《茶花女》《羊脂球》：选错人，上错车 / 147

《德伯家的苔丝》：顺应大时代，超越小时代 / 153

第5章 满手烂牌，也要过好人生

余秀华的"烂牌"/ 167

"我要稳稳的幸福"/ 173

"海上天使"淑贞的困与惑 / 180

晚秋的故事 / 195

阿香的故事 / 239

故事后记 / 264

序

我的奋斗——"衣柜创业"

刚上大学时，我和多数人一样，并不知道未来自己要从事什么职业，不知道自己将生活在哪一个城市。奶奶让我学会计，因为会计对于女性来说，是一个稳定的职业。我也以为，自己将会成为一名会计，但又不能确认，因为我知道，自己爱折腾的性格，不知道会把自己引向何方。后来的事实证明，我完全不适合做会计，虽然这是十多年后的总结。

2007年，我正读大三，校广播台台长一职突然空缺，有人希望我来尝试一下，因为大家觉得我的声音还行。"我的声音好听？"这是我第一次意识到声音带来的机会，可是一个毫无广播经验的会计学专业学生，整理数字记账那倒是小事一桩，做广播台台长？领导大家用声音做节目？"这不是我计划中的事情，要不还是做一个广播台小成员吧，既可以锻炼自己，也不用承担太大责任，我可不想当领导。"我开始是这么认为的。

但回过头来，我又给自己打了打气，逼迫自己往积极的方面去想：机会难得，说话可是人一辈子的事，做广播台台长，可以很好地锻炼自己在表达和运作上的能力。上大学为了什么？不就是要提高自己的综合素质，为自己赢取更多的可能吗？！于是我接受挑战，成了广播台台长。

从那时起，我每天都会打开手机里的录音软件，录制下来自己的声音，仔细研究。我发现自己的声音有点"幼稚"，换句话说，就是听起来像个孩子。我看了一些专业书籍，书上说这种情况得努力改变自己的声音，朝着多样性的方向发展，提高表现力，于是我夜以继日地背了一堆专业名词，对着书本苦练，但仍然不得要领，声音也没有多大改变，怎么办呢？

苦恼中，自己却想出一个偷懒的办法来：既然短时间内无法让自己变得"成熟"起来，不如索性将就着朗读一些比较幼稚的东西吧。我开始模仿童声，发现这果然比学习那些枯燥的专业理论要有趣得多。

我开始模仿几乎所有能找得到的儿童电视频道，比如"哈哈少儿"之类，跟着主持人练习，追了一百多集。又在网上买了很多儿童读物，用手机录制了两百多篇文章，几乎"走火入魔"。

童声模仿成功后，我又用类似的方法模仿各种成熟的声音形象。入门之后，一通百通，我连老奶奶的声音也能模仿得惟妙惟肖了。这时我竟然发现，那些之前怎么都看不进去的练声专业书籍也能看懂了。看来，实践是最好的学习方法，在校园广播实际需要的压力之下，我迅速找到了自己的学习之路。在这一年的广播台台长任期中，我不但让自己的播音技巧得到了很好的锻炼，还学到了很多广播专业的知识，相当于自己在会计之外，又读了一个专业出来。

大学毕业时，我决定转换跑道：放弃会计专业，在声音领域发展。最初找工作的时候，在声音领域的机会少之又少，我既不是播音主持也不是表演专业的学生，没人愿意雇用我做配音演员。但我却意外地被后期制作公司选中，负责节目后期的剪辑业务，我想了想，觉得也可以接受，至少能每天接触到声音，也算是"就近择业"吧。

后期制作每天会接触到各种不同风格的声音作品，我也经常模仿，有时还超过了原声，甚至在紧急之时，还能用上一段自己的声音，解决客户的"燃眉之急"。就这样，渐渐有客户主动邀请我参与节目制作，并开始为一些知名的广告公司配音。这样，我终于切换到了"自己的声音"主赛道上来了。

显然，接下来我需要一个更加自由的发展空间，以自己的声音为中心。2010年，我来到了上海创业。我身上只有两万元，交了房租之后，就所剩无几了，必须尽快有收入，才能生活下去。

于是我开始疯狂地给各个广告公司打电话，自我推销："你好，我可以配音，请问你们需要吗？我可以加你的QQ给你发送一些我的样音吗？"刚开始，对方要么不搭理我，要么觉得发去的样音噪声太大很不专业。如果不解决噪声的问题，将很难获得试音机会，但我没钱租专业的录音棚，怎么办呢？

我想出了一个讨巧的办法——躲在衣柜里录音。我把所有厚衣服都挂进了衣柜里，人躲进去刚刚好，还能放下电脑，我便关上衣柜门开始录音。没想到隔音效果还真不错，就是夏天太热了，气闷、汗流浃背，让人难以忍受，每录上一段，就必须出去透口气，半天下来，人就虚脱了。可我心里很高兴，因为节约了建设录音棚的大笔开支，就这样，我开始了自己的"衣柜创业"。

我录制了很多样音，但常常被客户退了回来，这可都是打了无数电话才好不容易要到 QQ 号的客户啊！仔细探究原因，还是由于自己的声音太幼稚了。因为之前我模仿过一百多集儿童节目，导致我的声音太固化了，听起来像个孩子。而对方的广告、电影、纪录片等，需要的是成熟的女声，睿智而沉稳的解说音。虽然我之前也模仿过多样化的声音形象，但那只是在校园广播里，要求并不高，商业化配音可不行，每一分每一秒都是钱，达不到听众能接受的程度，再努力的变声也是白费劲。

我非常沮丧，并伴随着深深的焦虑：钱越来越少，如果再没有收入，就只能回老家了……压力大的时候，我就通过看动画片减压。看着看着，我就想，自己被吐槽"太幼稚"的声音，和动画形象倒是很贴近，为什么不回到自己擅长的童声模仿，去给动画片配音呢？东边不亮西边亮，既然成熟型的声音市场不适合我，那就干脆另辟蹊径，找一些"幼稚型"的市场吧。

于是我把模仿"樱桃小丸子"等动画片的声音放到网上去，又转发到各种论坛。终于有一天，我收到了一封邮件，内容是："我们正在寻找动画频道的声音，在网上听到过你的模仿秀，有兴趣试试吗？"

这是我的第一个订单，配了16小时的小女孩声音，拿到了16万元报酬。这一举解决了我全年的生活费，终于可以留在上海了！太激动了！要知道，当时的我，连回老家的机票也买不起，更别说下个季度的房租了。惊喜之余更是惊讶：原来通过声音能挣这么多钱！找到了自己的突破口后，我便更加努力地去寻找客户，录制童书故事，200元1分钟……

这一年，我在衣柜里"躲"的时间加起来超过了8个月，配音收入也突破了100万。第二年，我便成立了自己的配音公司，除了动画、广告、有声读物等，还网罗海内外的配音爱好者给客户制作各种外语节目。我终于体会到，什么叫作"机会总是留给有准备又从不放弃的人"。

一般的配音员成长经历是，从小有爱好，上播音主持兴趣班，至少经历五六道关卡审核，考入专业的学校学习，耗时四年，科班毕业后进入广播电视台或专业配音公司去工作。而我，却直接跨越这些难度系数极高的条条框框，通过配音赚到了钱，并成立了自己的配音公司。事后我对此做了分析：我从未受过配音行业的专业培训，当然也不会有特别亮眼的作品履历，但声音领域已经形成了市场机制，使得我有可能跨越这些壁垒。市场不看学历，不看背景，只看你是否拥有对方需要的声音表现力。

在许多人的传统观念里，只有主持人、播音员才具备专业素养，才拥有声音表现力，但事实上，声音表现力从来就不是少数专业人士的自嗨，难道非科班出身的人就不说话了吗？一个拥有高学历的专业人士，如果声音过于模式化、教条化，表现力不够生动，在市场上的表现，并不会比一个声音有感染力但非专业的人更强。后者的声音在生活和市场中得到了磨练，一开口，便有变现的价值。这种价值，以往被大家所忽略，而如今，市场发现了这种价值。

我切身地体会到声音对于人们的重要性，也发掘了不少大家以为的"普通人"学员在配音市场上赢得了机会。于是在2015年年初，我开始分享自己在声音塑造方面的经验，开设"最美声音课堂"培训班，目的是让更多的人可以优化自己的声音，提高表达力，从而拥有通过声音改变自己的能力。

我通过培训班，与大家分享自己独一无二的"变声"经历，如何以"非科班"出身，从"会计"到"声音教练"，把声音的价值和练习的方法，在课堂上分享给更多零基础的人。我的教学轻松幽默，受到越来越多的人认可，甚至连千万粉丝的大V也听过我的课。后来，我还受邀为中欧商学院、中国移动、资生堂等企业提供内训……

2016年，网络知识付费的风口打开了，我凭借着自己对声音转型的实践经验和教学经历，在各大有声平台迅速开设了声音专栏。互联网可以将一个人的努力成果放大，实现无数的复制，我的线上培训课程，比起线下课来，取得了更大的成功，我成为了十几万人的声音导师。

2018 年，总结了我 10 年来声音领域奋斗经验的书籍《如何练就好声音》出版了。为了书籍发行，在出版社的安排下，我在全国进行了几十次新书分享会活动，推广声音的"科普"知识，场场都很受欢迎。估计到今年，活动场次将会达到预期的 100 场之多。

"声音"是我这 10 年来工作的主旋律，但我也持续关注着其他的方向。比如，我小时候是不爱读书的，前几年因为某个原因，我曾强迫自己一年读下了 300 本书，这是一个我从来也没有想到过的读书记录，这段"死磕"经历，让我想到可以把快速阅读的方法也传播出去。于是我经常参加各种读书活动，分享自己的阅读方法，以及自己对于这些书籍内容的理解，后来还创办了读书会。

2019 年，我在阅读方面的新书《如何练就阅读力》也出版了。另外，我还将我在解读世界名著时的观点记录下来，用音频或视频课的方式，在网络平台上发布出来。可以说，"阅读"是我的第二个专业方向。

以上便是我这些年来的奋斗经历。10 年前的我，没有很好的"家庭背景"，硬生生地把自己从一个"枯燥"的职业方向上挣脱出来，往一个更加"多彩"的人生方向上去努力，面对崭新的职业舞台，手上并没有什么"好牌"。而现在的我，站在一个新的起点上，还会有更多的可能，期待自己未来有更好的"牌技"……

谈谈为什么写作这本书

这些年，我经常往来于各大城市，在咖啡屋、餐厅、书店等场合，与上百位女性交流过，听她们讲述自己的情感故事，职场和事业的进展，以及家庭、育儿的琐事。她们当中有在校学生，有职场精英，也有全职太太。其中，部分是甜蜜的讲述，但更多的是困惑和埋怨，想要宣泄或者是找寻办法。总结起来，就是大部分女性觉得自己的生活不够"幸福"。

追求幸福是女性一生的话题，由于历史和现实的原因，中国女性承受了较多的压力，人们普遍自我感觉"不太幸福"。不幸福的因素很多，有些是生活当中的各种"坑"带来的，女性如何躲避这些"坑"，是成长路上不得不学的"技能"。作为个体无法改变环境，只求提升自我修养，除了社会责任，在职场打拼、城市生活、房产投资、异性交往、子女教育方面还存在很多具体的挑战。古往今来，诸多优秀女性的经历都告诉我们，往往"懂得"了所有的道理，也未必能过好这一生；反而有些资质平平的女性，处理事情更加理性。"知识可以传授，但智慧不能"（赫尔曼·黑塞）。实践远比想象要复杂得多，人生是条单行线，出身无法选择，即便是"满手烂牌"，也要过好人生。

和"如何练就好声音""如何练就阅读力"这样的技能相比较起来，"女性成长"是一个更加广博，需要更多知识、更多阅历来讨论的话题。本书就是一种尝试，我希望通过写这些女性话题的杂文，以及讲述一些女性故事的短篇小说，能够梳理出自己的看法。这也是而立之年的我，从一个女性的角度希望与更多朋友分享的。也许我们都未到达真正的成功和圆满，但却都想活得更加明白，即便满手烂牌，也要过好人生。

在本书中，我不打算严肃讨论形而上的学术问题，那是专家们的事，自有相关著作供大家查阅；我也不打算系统地去阐述自己的哲学思考，那是有雄心的社会活动家的事。专业的事留给专业的人去做。我只想从日常生活中引出女性朋友们喜闻乐见的话题来，讲讲故事，说说自己的看法，期待对刚刚"进入社会"的年轻女孩有一些启发就可以了。就好比互联网从业者所说的"数字电路"和"模拟电路"一样，各司其职，逻辑严密的运算交给"数字电路"去处理，"模拟电路"解决音视频播放和能源供给问题就够了。又如医生们所提的"循证医学"和"传统医学"一样，手术和靶向治疗这样救命的事交给西医去办好了，普通百姓从传统里找一点儿养生的办法也无不可。虽然严格地说来，没有什么比喻是确切的，我还是愿意用以上两个例子来说明我这本书要表达观点的类型。

有句话说，"没有在深夜痛哭过的人，不足以谈人生"。但是，大家想过没有？体验到深夜哭泣之后的人生，也许只有一半了，或者更短。至少青春是没有了。我们要付出这么大的代价来获得觉醒吗？

一个30岁出头的女性，能否谈人生呢？回答这个问题前，我翻了翻书架上女性谈人生的书，没有一本是在七八十岁以后写的。而且，这些作者的人生，也几乎没有完美的。

如果都要等到人生过个80%，或者即将划上句号的时候，再来写这些文字，这个世界上大约也不会有这么多生动而有灵性的文学作品了吧？大部分的作品，都是作者在最有创造力时写下来的，张爱玲那些个"金句"，大多是她在二十多岁，最灿烂的时期写下的。只有一个解释，文学大家都是在用文字模拟人生。讲述的是别人的故事，模拟的是自己的人生。

世上的书籍浩如烟海，人间的说教繁若星河。我这些文章，可能会引起某些女性朋友的不满，但是不偏激无观点。我想一本书几篇文章，讲述些故事，娓娓道来，能让女性读者记住一个观点，甚至一个印象深刻的故事，也就达到所谓的"意义"了。这便是本书的初衷。

第 **1** 章

不幸福的体验来自哪里？

数十年前，中国女性不幸福的感受主要来源于贫弱和不平等，如今情形已大有变化，为什么还有一些女性觉得不幸福呢？作为个体，从大环境中找出与自身强相关的因素，基于现实，改变自我，才能幸福起来。改变，说起来只有两个字，做起来多不容易，无论是世界、家庭、甚至自己。首先，我们还是从认知环境和自身出发。

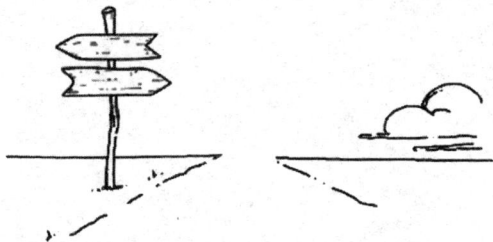

变革与女性：被"解放"后的中国女性，为什么有的感到不"幸福"？

中国女性在辛亥革命后，从法理上获得了和男性同等的权利，而1949年之后，这种女性的解放，更进一步得到了强化。比如一夫一妻制在民国还只是建议，而在1949年后就变更为强制执行。最重要的一点，女性工作的权利，被用制度确定了下来，最大可能地得到了保障。还有关键的一点，是婚姻法对于女性财产平等权利的确定。

而此前，西方的女权斗争已经持续了几百年，同期明清两代的东方女性，似乎还是通过几位勇敢的"名妓"在进行着"女权斗争"。20世纪中叶，中国女性的伟大胜利可以说是突如其来的。

可是，主动争取的胜利，与被动获得的胜利，从来都存在着巨大的差异。幸福也如此。

中国女性在短短数十年间，取得了翻天覆地的性别胜利，

"半边天""女拖拉机手""三八红旗手""妇联""女博士"等等词汇的出现，就代表了这种短期内获得的巨大成功，但这些词的本身，又表明了女性并非获得了彻底的胜利。

女性在制度上获取了保障，不代表思想和行为上也能立即获得解放。除了多数男性在传统观念和习俗的影响下，还固守着女性处于从属地位的思维之外，多数女性也未做好"平等"的思想准备，我们从一些日常的话语中就能看出来。

"我们的婚姻是纯洁的"

法律，在民众普遍遵循它的时刻，存在感是非常弱的。然而婚姻法的存在感却非常强。大量的女性，仍然需要婚姻法庇护，来解决财产和家庭地位问题。可以说，几十年前，许多女性虽然取得了法律地位上的解放和成功，但在自身思想上却完全不匹配。

例如，很多女性保持"贞洁"，本质上并不是因为理念或信仰，而是为了获得异性的经济补偿，或家庭中的地位补偿，看起来更像是一种条件或奖励。意思大概是：你看，这些年我就你一个男人，这个家当然得由我说了算，这房子该是我的，这存款也该是我的。不信的话，看看那些法院离婚审理时的场景就知道了。这种观念，其实和旧时代的婚姻观，没有本质的区别。表面的坚守，却掩盖不了内心价值观的塌陷。

许多女性，不以现实而明确的态度来面对婚姻中的三要素——即经济、子女抚养和两性关系，反而躲躲闪闪，用"不在乎""纯付出""感情比钱重要"等词语来掩饰，要做"白莲花"。然而婚姻生活是要持续几十年的，逐渐地，有些女性发现自己当初确实没有想清楚，生活进展不下去；有些女性则掀开了面纱，开始面对真实的自己。

另外，传统中国女性听命于父母兄长的传统，短短数十年间都土崩瓦解了。自主独立当然是件好事，可关键是相当多的女性并不具备这个能力以及阅历。完全不把长辈的意见以及历史传统放在眼里，又没有形成有效的、能指导自身行为的价值判断，其结果可想而知。

有人把婚姻比作是合伙开公司，这是一个比较形象的比喻。经营家庭与经营公司，在几个要素上都很类似。婚礼就好比是新公司的开业，人们都在欢庆，"恭喜发财！""基业长青！"没有人会去想这间公司最终会倒闭与否。纯粹地追求"感情"，就和开公司只谈情怀一样，搁浅将是大概率事件。

别人都说我是"女强人"

"女强人"在多数场合是个褒义词，对女性工作能力加以肯定，说的是商场、职场上作风很强势。但在生活中，"女强人"就未必是件好事。

为什么要用"女强人"这个词呢？

其实，从影视剧中就可以看出来，日、韩、泰国等传统文化与中国类似的亚洲国家，女性说话是比较柔和的，体现的"传统美德"要多一些。而中国反映家庭生活的电视剧，总有大量泼辣的女性角色。这些角色的主要表现是嗓门大，从第一集吼到最后一集，似乎很"强势"的样子。

这几乎就是一种放纵，以男女平等之名，突破一切传统行为规范的约束，对周边世界用声音暴力进行"洗劫"，而完全不顾对家人和周边的影响。

"强势"的妻子或母亲，往往成为家庭不幸的重要根源。实际上，所谓的"强势"，往往是缺乏教养的体现。今后，你听到"强势"这个词，还会觉得是一种褒扬吗？

许多女性在 30 岁后，具备了一定的经济基础，在家庭中的地位是比较高的。但如果因此而趾高气扬，就会给丈夫和孩子造成很大的压力。婚姻中也得讲究"不忘初心"，这里我们讲的是女性在家庭中的变化，同样的，男性也是如此，只不过相对来说他们的心态变化要小一些。

"白骨精"的烦恼

有人说，1949 年以来，女性争取到了平等工作权利后更累了，既要繁忙地上班赚钱，又得照顾家庭和孩子。新的时代，我们把实践着职业理想的女性叫作"白领、骨干、精英"，简称"白骨精"。

累是对的，权利越大，责任越大。女性争取到职业的平等权利后，更加繁忙起来，而且因为孕产期有一段时间不能工作，哺乳期需要照顾孩子等因素，失业的风险也比男性大了许多。

在职场，社会和女性都要求待遇上同工同酬，也是对的。实际上，在市场化机制中，这种平等已经比较好地实现了。女性由于本身的特点，在涉及体力等劳动强度高的岗位，薪资要略低，而在一些细致入微，涉及人际交流的岗位上，女性的优势反而明显许多。市场是公平的，在按照自身规律进行着调节。而过于要求平等，矫枉过正，反而适得其反。

如果我们的社会对于民营企业在职业女性的收入上不作任何补贴，又不考虑怀孕、哺乳期、婴幼儿抚养期必然带来的工作能力和时间上的损减，一味要求女性薪资和同等能力的男性完全平等，这等于是把女性推向了失业的边缘。私营企业的生存和盈利本来就非常困难，不可能无条件、无补偿地承担社会责任，他们只好在很多原本有可能的岗位里，放弃招聘女性员工。

实际上，目前女性岗位上的损失，主要是来自于社会职能的缺失，而不是所谓企业对于女性的"歧视"。这一点和大家的常识有所背离。就是说，我们在"宏观"的制度上规定了男女平等，但在"微观"的执行层面上没有配套的机制，使这种平等无法实现，从而导致了企业与女性，甚至男性与女性之间新的矛盾。人们往往简单化地埋怨"第一接触人""第一责任人"，而不敢去面对其后更大的背景和力量。

一切为了孩子

女性获得平等权利后，在孩子教育上的话语权也大了很多，有些家庭甚至都是由妈妈来"管教"孩子，如果在孩子教育上不顺心，也会极大地影响女性的幸福感。很多女性都喜欢"管"孩子，"指使"孩子。几点起床，几点写作业，上什么兴趣班，可以去哪里玩，可以和谁一起玩，以及不可以做什么，都规定得清清楚楚。

但是，以"为了孩子"之名，来满足自己掌控孩子人生的欲望，这是一种非常自私和危险的做法。实际上，"一切为了孩子"的口号，等同于一切都在毁孩子。

对于孩子的学习和行为方式过于关注，并做出很多规定的女性，大多是因为自身在这方面就有缺失，比如自己小时候成绩不够好，不够优秀。对于孩子未来的恐惧，往往是基于妈妈对于自己的不自信。

幸好最近这些年很多女性认识到了这一点：让孩子更有出息的最好管理办法，是自己做好榜样，自己获得成功，孩子自然会"有样学样"。家长是最好的老师，母亲是对孩子影响最大的人。没有人愿意在别人的"指使"下学习和生活，大家都想发挥自己的主观能动性，自己决定自己的日常，包括孩子在内。如果母亲的大部分时间是在成就自己，而不是在"一切为了孩子"，那么孩子们也不会压力那么大，他们会不由自主地学习母亲的成功经验。家长是最好的老师，也是最近的成功或失败榜样。

女性的压力：中国女性的压力从哪里来？

常常有人问，假如生活重来一次，你会过得更幸福吗？多数人答道：肯定会啊，因为有经验了。可是除了在电影里，我们没有见过谁的生活能够重来一次，而自己的时光在回顾中一去不复返了。

俞胜男是一个普普通通的中国女性，37岁，结婚10年，孩子10岁。从大学毕业时候算起，已经过去15年了，回想起往昔的点点滴滴，她觉得自己过得压力太大，并不幸福。即便退回到15年前再来一次，也不会有本质改变，她觉得22岁的自己，就已经决定了后来的路。

胜男的父亲是一个性格极温和的人，但在她母亲的嘴里，就成了"唯唯诺诺"。母亲是一个女强人，之所以给女儿起名字叫胜男，因为只让生一个，她必须掌握与女儿所有相关的主动权。她认为自己从1958年出生，到1982年胜男出生，吃了太多的苦，最初是因为自己的农村家庭出生，进城结婚后是因为丈夫的懦弱，但不管怎样，是自己撑起了这个家。

她母亲的好强，不知是通过基因还是家庭氛围，也深深地影响了胜男。2009年她在上海结婚买房的时候，硬是自己凑足了一半的首付款，以此奠定了自己在家中的地位。她的闺蜜常说，上海是中国女性的天堂，你来到这里，怎能不去看看话剧，听听演唱会，去老租界喝喝咖啡呢？于是她去东方艺术中心看了一出话剧，门票很不便宜，俄罗斯裔以色列人出演的，真实地再现了几十年前当地如诗如歌的乡村生活场景。可是胜男看着看着就睡着了，醒来后她总结了一下，这不就是母亲小时候的村庄么？各式各样的人与牲畜在稻田里唱歌跳舞，各式各样的乡音土语回荡在山谷中，原来大家奋斗这么多年追求的艺术境界，竟然是母亲耗尽半生要逃避的乡村生活。

胜男的丈夫也被她的名字压得透不过气来。女婿当然不会遗传老丈人的性格，但却会通过母女俩类似的选择和改造而变得趋同起来。他和胜男是大学同学，知根知底走到一起，总比工作之后半路上认识的人靠谱吧，但他们的婚礼却在毕业后等了五年之久。那是胜男坚持他应该在有一定成就后再来娶自己，当然，她没有等到这个结果，而且肚子里的孩子也等不及了，只好将就，因此颇有怨言。她退一步认为，自己的男人应该追求上进，至少读个硕士，可男人却认为，从事 IT 行业工作，读硕士纯属浪费时间。后来，胜男干脆自己去上了个 MBA，拿了一个所谓的硕士文凭。

和母亲不一样，胜男生的是儿子，于是她有了同时塑造两个男人的机会。相对于丈夫，她对儿子的控制力更强。儿子两岁后，便想着送他去托班上学，哪怕他哭得梨花带雨。一年后，小朋友好不容易适应了幼儿园生活，又被迫参加了两个兴趣班的学习，一个是围棋，一个是美术，两项培训都在小学三年级时先后中止了。其中围棋是到二级后，淘汰率太高，历经一年也升不上去，胜男看着哭哭啼啼的儿子，又抬头瞧见墙上的榜单上除了十个级还有九个段，再也不忍心逼着儿子去参加考试了。而美术方面，光靠培训老师是不行的，如何实现从儿童画向写实方向的跨越呢？看着儿子的素描，画爹像妈，画妈像爹，直叫人好笑，他们也想不出办法来。作为家长都没有艺术天赋，于是儿子只好继续走"科举"的老路，准备迎接将来的高考吧，这方面胜男和老公都很有经验，什么思维训练、奥数、作文、英语，不就是背课文和做题嘛！

在工作上，胜男也承受了很大的压力。生孩子之前，她已晋升为一个小主管了，意气风发，虽然有时候说话比较急，但逻辑清晰，年轻靓丽，业绩也不错，上下级同事还都是能接受的。她积极向上级反映了几个部门的问题，让公司 CEO 对胜男刮目相看。年会时，除了业绩奖之外，公司还额外给胜男颁发了"最佳管理建议奖"。但这都是表面光，敬酒的时候，许多部门经理表面上对胜男笑嘻嘻，实际上是敢怒不敢言。

生完孩子，一年过去，胜男的上海区域经理位置上已经有人了。销售总监提议她去西南或东北片区找个省做主管。"怎么可能？！孩子怎么办？"胜男内心里在骂，也没有办法。CEO 建议她去做销售管理工作："你之前提的建议很好，我觉得销售管理的岗位很适合你。"胜男心中一阵苦笑，什么适合啊，销管的总监恨不得吃了我，去了等着穿小鞋啊？"也可以去商务部啊，女孩子去这些部门不是挺好的嘛。"……最后胜男不得已去了客户服务部做资料整理工作，从老板们的视野中淡出了。不过这让她后来有时间上 MBA，就读期间，胜男认识了很多"优秀"的人，甚至有人声称是她的蓝颜知己，任何时候只要胜男有创业需要，都可以借给她 500 万。儿子三岁后，胜男去了另外一家小一点的公司做了销售总监。

胜男的父母都已年过六旬，退休后，各种疾病如约而来。上海有很多三甲医院，老公总是说自己去排队就好，往往耗去半天时间，挂到的还是普通门诊。于是胜男为了挂名医的号没少操心，从同事到客户，到处找人打招呼加号。作为独生女，她责无旁贷。许多医疗费用都在医保范围之外，看来父母的积蓄和老家的房子，多半得耗在上面。

女人最烦心的事永远来自情感。老公生日的时候，胜男送给他一部公司年会抽奖中的 iPhone 手机作为礼物。可是，胜男悄悄地把自己的指纹录进了这部手机。几个月后的一天晚上，胜男趁老公去洗澡时解锁了手机，查看他的微信聊天记录。好奇害死猫，她被震惊了，看起来老实巴交的老公竟然同时和几个年轻女孩在"聊骚"，除了震惊还是震惊，怎么可能？！怎么可以？！为什么？！胜男不相信自己的眼睛，可眼睛还止不住要看下去。

"离婚！"胜男喊出了女权主义者的标志性口号。这究竟是一种惩罚，还是一种对自由的向往呢？胜男自己也说不清楚。老公哄了她一夜，当她精疲力竭之时，终于可以静下来听他说话了："我做了这么些坏事，可还陪在你身边啊，孩子、房子、车子、票子，一切都在你手上，有什么可担心的？"胜男心里清楚，老公没有本事走出这个家，无非是开开小差，她真要创业，那个 MBA 的男人，别说 500 万，连 5 万也不会借给她。"他犯了所有男人都会犯的错误"，她长叹了一口气，大脑里自我安慰着，睡着了。

这是一个普通女性的普通故事，她身上承受的压力也是典型的。舆论上不时炒出的热门话题，也让女性朋友们觉得，作为中国女性，压力实在是太大了，那么中国女性的压力从哪里来呢？

工作的压力

工作的权利，当然是一切权利之母，有了工作的权利，就有了经济独立的基础，有了经济基础，才能拥有其他权利。中国女性争取到普遍平等的工作权利，是从 20 世纪 50 年代开始的，获得工作的权利的同时，工作的压力自然就产生了。伴随着的，还有学习的压力，为了有好的工作技能，就得学习啊，上学的时候要学习，工作后还得学习，在这一点上，和男性的压力几乎是一样的。

但中国女性工作的权利，是随着社会革命陡然上升而获得的，和西方女性经过百余年抗争而得到的权利，不可同日而语。在社会、家族、家庭、女性自身等环节是没有做好充分和必要准备的，这种不适应已经持续了几十年。

在职场上，我们还会经常听到这样的评价："这个女人很搞的，哇啦哇啦的"之类，具有明显的性别指向，似乎工作上的分歧，全部都是由于性别差异带来的。女性作为一个群体，获得工作机会后，如何适应这种地位带来的变化，以及如何在兼顾职场的同时平衡家庭事务，是全社会都应关注的问题。

成功的压力

有进取心的女性不仅仅满足于拥有工作的权力，止步于获得收入。在这个世界上留下自己的足迹，拥有自己的话语权，不仅仅是男性的愿望，也同样成为女性的追求。优秀的中国女性在工作压力之外，还有获得成功的压力。

究竟怎么样才算成功呢？每位女性都有着自己的标准。一般而言，狭义的成功还是指女性在创业、职场上的成功，成名成家。

张爱玲说："出名要趁早呀！来得太晚的话，快乐也不那么痛快"，这句话说明女性在成功上的压力，相对于男性，还多了一个"早"字。

这是和女性青春相关的，"出名趁早"意味着，如果年老色衰了，就不能充分享受名利，成功的意义就大打折扣了。而且，女性很多的成功路径，本来就是和年轻美貌联系在一起的。我们常说一个男人"大器晚成"，似乎很少听说对于女性有同样的评价。

养家的压力

在一二线城市，房价收入比相当高，年轻人购买房子的压力非常大，除非男方很有家底，大部分家庭都是共同还贷的。这样，中国女性继工作的压力、成功的压力之后，还很自然地背上了养家的压力。养房子、养孩子、赡养父母、养"病"、都离不开钱。家庭本来是女性期盼的温馨港湾，可现在，家的一切要素都变得那么贵，而女性也必须成为港湾的缔造者。

若干年前，男性找女朋友，大约很少会考虑女方能赚多少钱，或者说并不把女方收入当作是很重要的因素。可如今，在大都市里的年轻男性，几乎很少有人会认为对方的收入不太重要，女性的赚钱能力，几乎成了"门当户对"的最重要条件。

最近，有个刚完成买房、结婚、生子"人生三级跳"的小伙子，又要开始创业，周边的人很佩服他的勇气，说："小伙子，很勇敢嘛，有老婆孩子要养，有楼要供，就敢辞职创业啊？"小伙子回答："没有啊，我太太养我啊，她一直也赚得比我多啊，我们一起交的首付，往后按揭和家庭花费全靠她了，我，主要负责未来，未未来……"。但愿一切如意吧，只是从此后，我们对他家的那位女性充满了敬意。

情感的压力

当今社会，大龄单身女青年，已经成为很大的一个群体，尤其是一线城市。这些女性有自己的工作，能赚钱会花钱，独立生活，有自己的见解，就是没有男朋友，一直未能结婚。

这些女生面对的不仅仅是父母长辈要求结婚生子的压力，更多的是情感的压力。因为生活中的孤独感，与异性交往的不稳定，也会给女性带来很多风险，这些风险，其实也不比婚姻的风险小。

最近有很多外地来沪的女性，由于这种情感压力而离开了上海。因为，在上海没有男朋友，就无法结婚，没有结婚，就无法买房落脚下来，人房两空，只好回老家，至少家中还有父母啊。

当然，回到老家，也并不是没有情感压力了。小城市年轻人缓慢的生活节奏，慵懒的思想面貌，已然是大都市女青年难以适应的了。这"退一步"的"海阔天空"，也并不容易。对于"洄游"的大龄单身女青年来说，小城市里亲朋好友常常聚会的热闹场面，仍然难以填充自己在精神上的寂寞。

培养孩子的压力

父权崩塌的大都市，抚养孩子的压力更多地落在女性身上。和传统家庭为了传宗接代，主要由男性抚养孩子不同，在浩瀚的都市里，人们找不到宗族的存在感，更谈不上家族传承。压力太大，苟活不易，面对孩子，做父母的没那么从容。

为人父和为人母，体验与责任还是有差异的。虽然绝大部分父亲也都爱孩子，但孩子毕竟是由母亲生下来的，还是有着特殊的情感，涉及孩子的各种事情，上医院，进学校，吃喝拉撒睡，都是母亲冲在一线，而做父亲的大多在"默默地关注"。毫无疑问，都市里培育孩子的压力，更多的是由女性在承担着。

在我的声音课里，会经常引用一段妈妈训斥孩子的音频，来讲解什么是"高快"的发音，场景是一位妈妈在辅导孩子功课时，着急于孩子不能理解题目的意思，因而大声训斥起来。对于很多女性朋友来说，其实这是不得已的事，即便你懂得了世上所有的道理，仍然控制不好自己的情绪，只是因为压力太大。

几千年来，都是父亲或者叔伯等男性长辈角色在辅导孩子的学习，只是最近这些年，才转变为以母亲为主辅导孩子功课。虽然体现了女性在文化素养和家庭地位上的提高，但也凸显了教育工作对于母亲的压力。男性和学校，一起把教育的重担，放在了女性的肩膀上。

赡养父母的压力

几十年的计划生育政策，加上"生男生女都一样"的观念已然深入人心，女性在赡养父母方面也承受了和男性几乎相同的压力。独生女注定要担负起赡养父母的义务来，责无旁贷，躲避不开啊！年少时独享了多少宠爱和好处，将来就要独自承担多少责任和义务。

中国女性在赡养老人方面的压力，因为有了工作权利而承担了更多责任，已经纵向超越了上下五千年的古人；又由于计划生育的原因，横向超越了全球其他女性。

保持容貌的压力

这是女性独有的压力。对于大部分女性来说，只有在十多岁到二十几岁之间的短暂时间才没有这个压力，而"余生"都要沉浸在这种容貌衰老的压力甚至是恐惧之中。这种压力几乎和年老后害怕死亡是一样的。

对于爱美的女生们来说，"不美丽，毋宁死"。年轻的女生几乎不需要化妆品，一只口红足矣。各种化妆品、奢侈品都是冲着30岁以上的女人来的。

越失去，便越惧怕。其实，现在的女性化妆品和医院里治疗肿瘤的靶向药物类似，价格很高，看似非常个性化，效果却寥寥，一样只是安慰剂。

以上分析可以看出，现今中国女性面对的压力，有着特殊的历史原因和现实因素。重压之下，怎么可能产生出一代优雅的女性呢？

婚姻与幸福："追求婚姻幸福，可能本来就是一个错误"

我的朋友蔺申虹是地道的 80 后上海姑娘，从小生活在虹口区，清华毕业后，上班的建筑设计院离父母家也很近，无非是过个苏州河，不远就到了。因此，后来她自己买的一居室小房子也在虹口，一室一厅一卫一厨一阳台，60 平方米，单价不低，小区外环境还是较为杂乱，不过阳台上可以远远地望见苏州河以及东方明珠。室内装潢是她自己设计的，硬装属于那种普通人看不太明白，但设计圈都叫好的黑白"性冷淡风"，软装还容易被大众接受，温馨的浅色系。平时申虹并不住在自己的小天地里，而是住在父母家，对于她来说，那里才是家，一个 36 年"一贯制"的家。

或许有的读者要问了，申虹没有结婚吗？是的，她一直单身，而且目前没有"明确"的男朋友，虽然父母不会催促，但她并没有一定要结婚的打算。婚姻幸福，家庭美满，是典型的主流价值观，似乎无懈可击，但申虹对于婚姻，对于生活中的幸福，有着自己独到的观点，她认为：大多数人追求的"幸福婚姻"，可能本来就是一个错误。

有一次，我们约在"1933老场坊"喝下午茶，她讲述了自己对于婚姻的观点："婚姻是什么？婚姻从来就不神圣，相反，它非常具体。在我看来，婚姻有三大支柱：两性关系、子女抚养、经济活动。家庭就是整合这三个要素的社会单元组织形式。"

我立即被这位优秀的"理工女"的婚姻观震惊了，竟然表达得如此简单透彻。生活经验告诉我，要把一个简单的事情弄复杂，是大部分人都具备的"本领"，但要把一件复杂的事情简单说清楚，却是相当不容易的事。

她说："这么些年来，我们现实生活中接触到的女性，婚姻幸福的比例是多少呢？持续数十年"稳稳的幸福"真的存在吗？而且，大家以为的婚姻幸福，真的是那么回事吗？这里面肯定是有问题的，否则世界早就完美了，幸福和婚姻也不会成为女人永恒的话题。之所以成为话题，是因为它们从来就没有很好地实现过。"

我回道："不会啊，我觉得很多人的婚姻看起来还蛮幸福的。"

"确认能够维持几十年，'白头到老'吗？确认都遇到过婚姻里的各种情况了吗？或许，那只是婚内类似恋爱时期的一段简单而美好的时光吧？"

"不会吧？你看杨绛的《我们仨》里面，她和钱钟书，好几十年了，不就蛮幸福的嘛？"

"也许吧。但是你去看看《围城》里，钱钟书描写的婚姻幸福不？正是他看透了，才把和杨绛的婚姻，过成了《我们仨》里面的那种'寡淡寡淡'的感觉的，因为他很明白，只有这样，才能长久。那算是数十年的爱情？还是友情呢？"

她继续讲道："我看过很多名人家书、与妻书，写的都是家国情怀；很多的自传、回忆录，写的都是理想。婚姻在其中只是个空壳，装点了些好看的花朵。没错，就是等着别人来歌颂的花瓶而已。敢不敢来点写实的呢？只怕是写成了禁书，还有许多震惊世人的价值观，或者生活中还有很多千疮百孔的东西，不能给人知道的吧？"

我感觉她已经打开了"理工女"的谈话模式，各种论据和逻辑即将汹涌而出，便示意她继续讲下去。

"稍微了解点历史的人都知道，婚姻不是从一开始就存在的。原始人有两性关系，但是没有婚姻制度。我们上学的时候，课本上说，历史唯物主义认为，婚姻是经济社会发展到一定程度的产物。言下之意，婚姻这个制度，以前很穷很穷的时候是没有的，将来非常非常富有了以后，也是不会有的，只是专门来约束我们这些人的，总共也就几千年的事，被我们这批'倒霉蛋'碰上了。"

"哈哈哈！为什么说是'倒霉蛋'，不说是'幸运儿'呢？"我笑道。

"婚姻是一种强约束机制，既然是约束，就没有自由，没有自由的事情，怎么会让人幸福呢？如果有，那也是一种类似'斯德哥尔摩综合症'的东西。另外，除了抚养子女的功能外，婚姻最大的用途在于经济上。明白为什么一直被大家鄙视的经济因素，却成为永远的核心话题了吧？婚姻的核心与本质，就是和金钱相关的。没有钱，怎么会有幸福的婚姻？"

我接话道："那是。从古到今，几乎没有什么婚姻故事可以绕开钱的话题。"

"这地球上的人，总归是一直在想办法提高劳动生产率，让自己的生活越来越富裕。人自身的生产方面，也就是通常说的繁衍后代，大家也都希望优生优育，历史上有过一些极端的例子，比如斯巴达人、罗马人、德国法西斯，都打算过推倒婚姻的两根柱子，把子女抚养社会化，生活资料配给化，他们甚至还尝试过动一动第三根柱子——两性关系，政府来做男女配对，这不都乱套了吗？这些试验当然都失败了，甚至还造成了人道灾难，婚姻制度经历这些极端考验后反而生机勃勃。倒是最近几十年，科技发达了，经济发展了，特别是女性自己也有钱了，社保也越来越好，这两三千年来，婚姻制度才头一次真正遇到了挑战。"

"可不是嘛，我们都没有结婚啊，哈哈哈。"

"就看看北欧，看看日本吧，适婚年龄的有多少在婚内呢？不到一半吧？国内呢，也正在往这个方向走。为什么呢？"

我知道这是申虹这段时间出差常去的地方，试着分析："因为北欧和日本富裕了，绝大多数女性拥有独立生活的经济能力，过得还不错，而且单身可以抚养孩子，并不会被歧视，可以上学，可以落户口。哦，错了，北欧没有户口这个说法。"

"我就打算40岁左右自己生个孩子。国内不想呆就到国外去，可以让孩子有身份能上学，不会被歧视的地方。"

"对于你来说，婚姻的三大支柱倒了两个啊，经济和子女抚养问题不存在了，只剩下两性关系了。"我知道，申虹虽然说没有男朋友，但那只表示没有结婚对象而已，并不意味着她没有被人追求。准确地说，是她的异性交往没有从一开始就以婚姻为目的，而是以单纯的两性关系为目标。她曾经说过，也不排斥相处得好就走进婚姻，可是，那似乎只有一个用途，就是成立个家庭来抚养孩子。

"但是，我要告诉你，对于有些人来讲，两性关系这根最后的柱子也被蛀空了，人家一个性别之内也可以有关系啊，未必要两性。很多发达国家承认了同性婚姻。同性婚姻也承认经济关系，也领养子女，但本质上是装模作样，毕竟是假的。"

"假作真时真亦假，结婚这个形式就容易散了。"

"大家追求的'婚姻幸福'，可能本来就是一个理想。事情越复杂，能处理好它的人就越少，这是最简单的道理。怎么办？把复杂的事情简单化。应该追求的是'幸福'，因为它只有两个字，比较纯粹。先讲'幸福'，然后再来谈婚姻。"

"你父母那边，还有七大姑八大姨的，你也给他们讲这些理论么？他们能接受吗？"

"当然，照讲不误。接受不能接受是他们的事。我父母还好，他们本来就是大学里的老师，我们家言论自由，才会有我这样'离经叛道'的女儿啊。"

"呵呵，你们大学净出奇才啊。"

"其实最近好多了，八九十年代我的大学怪人才多。

我不算怪人好吧，其实我挺正常的，只不过比别的女人走得靠前一点而已。我觉得现在的生活挺好，挺顺利，挺简单，这才叫幸福。非要选个男人整天腻在一起，时间长了相互看不惯吗？我觉得那不叫幸福。就算是要结婚，那也要保持我的自由，把刚才说的那三要素拿过来摊开一起讨论一下，对双方都有促进的，才去登记。这样，对方也都会想得清楚些。"

下午茶结束。

蔺申虹应该算一线城市中单身女性中的典型代表了，属于比较优秀而单身的群体。有人分析是因为没有足够优秀的男性群体与之相匹配而形成单身的结果，就是所谓的A男对应B女，B男对应C女，C男对应D女，结果要求最高的A女和各方面条件最弱的D男都单着。但从申虹的例子来看，似乎并非如此，优秀的女性选择单身，更多的是由于她们自己对于生活方式的选择以及对于婚姻和幸福的理解。

财富与幸福：金钱和快乐

有钱能使人快乐。生活在上海这样的都市，几乎没有人怀疑这一点。可是有人告诉我，全世界最幸福的地方是在喜马拉雅山南麓的一个穷国——不丹，他们的国民几乎什么都没有，但是过得很幸福。我没有去过不丹，但去过尼泊尔，虽然那里的人们生活得确实很安详，笑容也很朴实，可是大多数去旅行的人并不想一直过那样的日子，那边的酒店条件也不好，除了风景，就没有别的……山路转啊转，车开啊开，总也到不了地方，我看着窗外的雪山和峡谷，渐渐地，就审美疲劳了，合上眼睛，再也不怕错过风景……

"我要成为有钱人……有了钱，可以买黄浦江边的那栋大房子，在高高的落地窗边，悠闲地喝下午茶，看江上船来船往，看公园里的孩子蹒跚学步，夕阳落下，把窗台映照得通红；有了钱，可以隔三差五，随意地满世界跑，去伦敦喂鸽子，去北海道滑雪；有了钱，可以按照自己的意愿来工作，做文艺工作，或做信息技术，甚至慈善，所有能让自己快乐起来的事情……"。

"珊珊老师，醒醒，我们快到了"，我的梦还没有做熟，就被人摇醒了。车已经进了城区，但窗外还能看见红土与绿树交错着的小山坡，房屋旧旧的，似乎回到了八九十年代。这里不是喜马拉雅山，而是云南，一个我叫不出名字的地方，我来这里，是为我的新书《如何练就好声音》做分享会。

这个书店挺大的，读者和听众都很多，活动场地放的全是那种蓝色的塑料凳子，有的坏了，就两张凳子叠在一起用。当然，我的除外，是一把很好的木椅子。但是我并不坐它，我习惯于站着演讲。第一排竟然全是小朋友，脸红扑扑的，眼睛好大啊，好可爱。好吧，先来一段动画片配音秀吧："小猪佩奇，小朋友们都熟悉吧？听珊珊姐姐给大家模仿一段……我是小猪佩奇，这是我的弟弟乔治，这是我的妈妈，这是我的爸爸……"。

后排站着听讲的人也越来越多，讲演结束后的互动环节气氛很热烈。签售与合影时，我与大家有了更多的接触，不知是否同一地域的人们在相貌和表情上有很多共同之处，我发现他们的眼睛都比较大，脸红扑扑的，给人的感觉是心眼少，有天然的亲和力。至于声音，毫无疑问，由于方言的影响，他们的普通话发音都具有当地的口音，但听起来很纯粹，有点空旷中发声，但又自带回音的感觉。听着他们的声音，我仿佛看见了一个人在红土梯田上呼唤自己孩子，而那顽皮的小朋友正在山脚小溪边牛背上玩耍呢。近处波光粼粼，远处绿影婆娑，天很高很高，瓦蓝瓦蓝，夕阳像个热气球一样，往那起伏的山谷中慢条斯理地飘远而去，披着彩霞入眠……幸福的一天即将过去，美好的明天可以期待。

以上的这一切，似乎在告诉我，不富有也可以很幸福。按照某哲人对于幸福的定义，幸福有三个维度，财富当然也是重要因素。可世上哪有十全十美的事情，满足所有欲望和所有维度的幸福大概不会存在，我们的目标在于，在一项缺憾暂时不能补齐的时候，我们仍然要把握好其他要素，幸福地生活。

幸福的各种要素当中，财富大约是排得比较靠前的。只有一项会被没有争议地排在财富前面，那就是健康。如果我是医生的话，也许会再写一篇"健康与幸福"的文章，可我不是，还是留待专业人士来表述了。

财富有时候并不一定带来幸福，财富带来的烦恼也不少。对于大部分人来说，财富对应的是需要经营的产业，就是说有一堆的事情要等待着你处理，有一大批的员工需要管理。经营行为从来就没有一帆风顺的，假如遇见金融危机，可能烦恼就更加多了。还有类似李嘉诚这样的富豪，因为巨额财富，招致歹人的关注，把家人给绑架了去，徒受惊吓之苦。各种各样的烦恼，还有很多。

另外就是，名义上的财富和净资产还是有很大区别的。有的人住大房子，开豪车，实际负债率却很高，这些名义上的财富，带来的快乐可能和烦恼一样多。如时运不济，"眼看他起朱楼，眼看他宴宾客，眼看他楼塌了"，从首富到阶下囚的例子也并不鲜见。有富豪认为，每年几百万薪资的人最幸福，因为那是妥妥的收入，够用的幸福，再多了，钱也用不掉，责任和压力就会让人的幸福感下降了。

富太太的烦恼，大概也不少。现在不少高校办女性班，讲哲学、国学、艺术等等，也就是在为富裕的女性们提供更高的智慧，来应对这些烦恼。

说到这里，我给大家讲个故事：

有一位房地产开发商出身的富太太林欣也参加了这种女性哲学班，因为最近这些年她的烦恼也不少。她和老公同龄，今年50岁了。九十年代房地产市场刚起步的时候，他们决定下海创业。那是浙江的一个县级市，她老公供职于国家计委（后来改叫国家发改委），工作能力不错，很得主任赏识，为什么要"下海"呢？那是因为那个年代国家刚刚提出"市场经济"不久，干部下海成了风潮，企业里的待遇也远远高于机关和事业单位，最有诱惑力的行业就是房地产，他们曾经参加市里的学习班参观过香港，了解过香港的土地储备制度，对那里的地产造富神话印象深刻。主任很看重年轻人的发展，无论是体制内外，都会给予支持，因此，他们的房地产开发公司很快就开张了，林欣也在半年后从统计局辞职前来帮忙。

他们先是帮助各机关单位代建单位宿舍，这个比较保险，虽然利润不高，但是旱涝保收，积累了第一桶金。新千年来临后，他们的净资产迅速跨过了千万大关，事业也迎来了一次更大的转机，他们也成为当地最有实力的开发商，项目遍及当地及杭州、上海等地，家庭净值数以亿计，应该说赚的钱一辈子也花不完了。

后来林欣逐渐转向对内管理、负责公司财务等，以及家中两个孩子的教育问题，和最初打拼时的辛苦不同，2010年后，林欣虽然不那么辛苦了，却感觉烦恼更多了，这是她始料未及的。

公司大了，有各种想法的人也就多了，而且许多员工是各级领导们安排或介绍进来的，碍于情面他们并没有绝对的约束力。这些人占比很小，但多年积累下来数量就不少了，根据当时入职的情况分布在各个部门，公司需要作出各种调整时，最搬不动的就是这些人，林欣有时说话甚至也要避开他们，自己的公司还不能完全掌控，她觉得非常郁闷。

甚至于自己带的人也不听话起来，比如说给林欣开了近十年车的女孩子，是当地人，也是自己招聘的，每天都有几个小时呆在一起，按说应该很听话的，可是最近耳闻这女孩子竟然在新员工面前吐槽自己的不是，这让林欣非常不愉快。女孩把自己10年来一直未能结婚的原因归结为时间不自由，因为要给老板娘开车，要随时待命，没有机会认识合适的人，又吐槽林欣各种生活习惯邋遢，以及"年纪大了还做很多不靠谱的事"，最为过分也最有争议的是，林欣曾经说过可以"借"钱作为首付款给她买房子，后来却一直没有兑现，最终结论是"老板娘德不配位"。

这最后的一点让林欣非常恼怒，她已经在工资之外每月单独给女孩4000元红包，也确实表达过想借钱给这个女孩买自己公司开发的房子，甚至想着如果还不上也就算了。可是公司最近在当地并没有开发合适的楼盘，她有时想先把钱给女孩买别家的房子也行，自己看好的江边那块地拿下再开发好最快也得两三年呢。但有一个情况让自己很不高兴，那就是女孩说自己小时候是被抱养的，因此为了表达孝心一定要把房子登记在养父母名下，往后房子还是自己的，但两位老人年龄已无法贷款，言下之意购房资金又有了新的缺口。林欣觉得这莫大的善意大打折扣，便决定等女孩想清楚了再说，不想拖了一年半载后，竟然听到这样的传言。林欣一怒之下自己开起了车，让女孩暂且先回公司车队上班去。两个月下来，这辆车被撞坏一次，扣分无数，现场处罚的加起来就超过了12分，林欣进了驾驶理论学习班，一个老板娘竟然和一群年轻人挤在一起考试，别提多难受了。

但她的内心里最大的恐惧还来自于先生那一方。他起家依靠的老领导一直有"失势"的传闻，这样的传闻延续了两三年。有一天老公出差归来，刚到机场就突然被带走了，消失了24小时之久，回来后也语焉不详，说是被某纪委下来的人带到酒店询问了一天一夜，反正"该说的说了，不该说的没说"，她越想心越不安，半夜睡不着，就起来给在美国的大儿子打电话，让他平时花销低调点，还有就是千万别给"凤凰女"粘上了，挂完电话又想着正上高中的"非主流"小女儿今后该如何安排，海外姐妹安排的账户怎样了，想着想着天就亮了，连忙跟着早起的母亲去了寺庙。这样下来，一个月没有关注自己容颜的林欣，发现头顶的漩涡处发根竟然白了一圈，难看极了，加上没有化妆的脸，俨然母亲前些年的样子，她被自己吓坏了。

公司里还真有过狐狸精，她想动也动不得，老公说这是某保密部门领导的女人，因此一切也得保密，但她总疑心是他自己找来的。林欣安插在公司的若干眼线都没有找到任何蛛丝马迹。说她最近开始信佛了，倒不如说她开始相信自己的母亲了。母亲说，有些事情睁一只眼闭一只眼就过去了，弄那么清楚干嘛？水至清则无鱼。

以上这些事还真不算什么，念念佛忍忍就过去了。最大的劫无非是"领导"们倒台，他们已经有了应对预案。接下来还有一个真正的劫，那就是疾病，这引发了她发自内心的惶恐，觉得天要塌下来，谁都挡不住。公公婆婆都有心脑血管疾病，一个中过风，一个心脏搭过桥，而老公因为喝酒太多肝有问题，脸黑得像张飞；林欣自己家系这边，父亲已过世，母亲最近查出有乳腺癌，根据家族基因检测结果，林欣自己一生中患乳腺癌的概率要高于 80%……

与富太太们的烦恼不同，在普遍的贫乏当中，人们并不会觉得不幸福，就好比原始人类，在刀耕火种的母系社会里，经常被野兽威胁，人们的寿命也不长，但生老病死都是那么正常，人们没有觉得有多么痛苦。但这种生存状态移植到现代社会里，就会让人觉得不幸福了，那是因为存在着对比，这种比较的落差，是痛苦的根源。在喜马拉雅山脉南麓的小国，人们处于一种与世隔绝的，被宗教统治着的生活方式里，虽然物资上一点也不富有，但仍然觉得很幸福。在云南山区，人们很少走出大山，在一定程度上还是有幸福体验的。但生活在巴西里约热内卢贫民窟里的人们，同样的生活条件，却让他们感到了痛苦。

财富对于幸福的作用，主要体现在人们拥有财富的差距上，以及人们对财富的把控能力上。我们可以简要地说，获取更多的财富，并且能够很好地把握它，就能让自己更加幸福。

第 2 章

年轻女孩要躲避的那些"坑"

多数技能都是从试错开始的，从小就是，学走路会摔倒，说话、写字、做题都会犯错，长大后，仍然存在很多试错项，却再也没人兜底，没有暂停键。女性青春短暂，多试错几次，就不再年轻了，躲开美丽的陷阱，从识别这些"坑"开始……

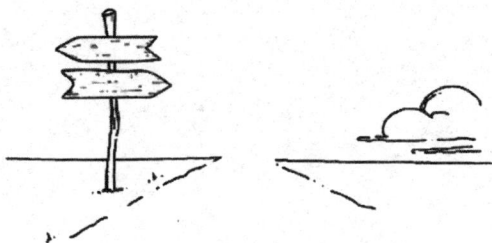

"遇贵人"

　　走捷径，不只是女人才有的想法。人之常情，都是想走捷径。就像走迷宫一样，小孩子第一次玩这游戏，都是冲着出口的方向跑，多跑几次，就懂得"欲速则不达"的道理了，否则别人设计这么大迷宫干嘛？

　　可是，女性青春短暂，试几次不成，就错过了最好的时光。

　　这个道理，按说大多数女孩十几岁后也该"懂"了，可是为什么还有这么多女生想要"遇贵人"，走捷径呢？那是因为，有"成功案例"。比如贝隆夫人、邓文迪的故事，似乎就很励志啊。

　　可是，你所知道的遇贵人帮助，顺势迅速成名成家的故事，都是从媒体上了解到的，人们有了解到真正的情况、关键的因素吗？即便是她本人对着你说，也未必就能还原本来的过程，何况听者都是带着主观意愿去接收这些信息的。严格地说，任何成功的经验都是不可复制的，成功者认为自己成功的因素，也未必适合其他人。

按照大众的价值观，女孩应该踏踏实实地做好自己，一步步地走向成功。如果所有人都这么想，也就没有必要写本文了。现实的情况是，"迅速成功"的想法，不但存在于众多年轻女孩的心中，还有相当多的年轻女孩正在付诸实践。而且，确实是有某些"成功案例"，像女巫的灯塔一般，在诱惑着大家奋不顾身地向前游去，全然不顾那暗流涌动和滔天巨浪。

人们常常感叹，这个世界和这个时代真是太现实了。这是对的，思考问题就应该先按常理想一遍，再去寻找突破口。想走捷径的年轻女孩的现实是什么？家庭出身一般，没背景，但是年轻漂亮性格好，或者性感有活力。成功的男人的现实是什么呢？有一定的社会地位和经济基础，但青春已逝。大家乍一看就觉得，这不是各取所需嘛，女孩不就找到捷径了么？

当然没那么简单。我们暂且把价值观是否正确放一边，分析一下这种操作在技术层面是否可执行。

我们知道，张爱玲几十年前就发出了警告："穷人结交富人，往往要赔本"，《雨伞下》原文是这样的：

"下大雨，有人打着伞，有人没带伞。没伞的挨着有伞的，钻到伞底下去躲雨，多少有点掩蔽，可是伞的边缘滔滔流下水来，反而比外面的雨更来得凶。挤在伞沿下的人，头上淋得稀湿。

当然这是说教式的寓言，意义很明显：穷人结交富人，往往要赔本，某一次在雨天的街头想到这一节，一直没有写出来，因为太像讷厂先生茶话的作风了。"

那么怎么样才能不赔本呢？显然只有两个途径，一个是远离那有伞的人；一个是你有办法让那人把雨伞让给你。当然，后一种能否保证雨停后也不吃亏，就难说了。

其实，年轻女孩遇到的大部分"贵人"，都不是真正的"贵人"。

这里有两层意思，一层意思是遇到骗子的概率最大，有经验的男人借此玩弄女性，其实他并没有意愿或能力可以帮助到女孩。大家可能会注意到，经常有一些字正腔圆的人，一开口就是各种资源，认识各种领导。不知道大家什么感觉，反正我现在只要一听到这种腔调，心里就会警觉起来：这人可能是个骗子！就算这些人真有"资源"，靠分享权力的溢出，依赖投机而存活，最终也做不成什么正经"事儿"。

另一层意思是，即便是有这个能力的，也不是都能把事情办成。要帮助到一个人成功是很难的，即便是那些有资源的成功男人，要帮助一个默默无闻的小女孩走向成功，也是需要花费大量的时间和精力来做方案和实施的，并不是打几个电话给朋友说说就能行的。成功人士自己都忙死了，哪里有时间来帮你呢？

不管是哪一种情况，都可以肯定，对方的经验一般要比你多上十几二十年以上，或者更多，你真的能够识别和应对吗？

前面提到过，还是有"成功案例"的。既然有成功的"灯塔"，那么什么样的"捷径"才是合理的呢？答案是：基于正当利益的合作。实际上，现在很多一线明星，就是这么成功的。这里说的正当利益，是指符合社会公共价值判断的，而不是基于年轻女性青春与成功人士权势地位的交换。基于正当利益的合作，对于双方来说都是面向未来和增值的，可以是共同分享将来获得的经济利益，也可以是知名度，但不损害既有的美好事物。

例如，成功的男人往往都有家庭，年轻女孩以自己的青春作为交换，就损害了对方家庭中的其他人，这将带来极大的风险和隐患，这种合作失败的概率非常高。又如，成功人士透支自己的社会资源，而无法用这种合作为自己的事业增光添彩，也将给自己的声誉带来很大影响，甚至触犯刑律，比如电影《蜗居》中的宋思明，这样的风险就更高了。

很多女孩读到这里，会说，好抽象啊，好难理解啊，不能讲述一两个具体的故事吗？实际上，故事有很多，现在我们打开电视，几乎每一部反映年轻女性生活的都市剧都有类似的情节和内容。但是总结却很少，我在这里提炼出来，就是方便大家对照着去思考。

为什么"贵人"要帮助年轻女孩呢？为什么愿意"帮助"女孩的总是"慈祥"的中老年男人，而不是成功的女士呢？成功的女性也不少啊，照我说，如果你遇到的"贵人"是位女士的话，那么从一开始就成功了一半。

告诫年轻女孩躲避"贵人"坑，并不是讲不要和优秀的年长异性去接触，而是说，不可简单交换。即便是借力，也应该是符合社会公众价值取向，可以通过学习别人的经验为己所用，找出于人于己都有帮助的"合作点"，成就自己，也利于他人，才能确保交对朋友不吃亏，使自己变得自信而又强大起来。

机会只是为有准备的女性预留的，因为有准备，聪明的女孩也能自行感觉得到机会的来临。而且前面分析过，这种机会对于拥有资源的成功人士来说同样是有收益和共赢的，他也需要有人来实践它。成功人士之所以成功，是因为他不太会错过机会，你也不用太担心他会错过你。

从这个方面分析，我们可以认为，默多克当初选择和邓文迪在一起，除了感情因素，也正是因为他当时需要邓文迪。另外，大家也可以通过麦当娜主演的电影《贝隆夫人》，了解到贝隆夫人是如何辅佐贝隆将军成为阿根廷总统的。

很多女孩看到这里，就会说，这也太复杂了，谁的心思能这么深沉呢？哪个年轻女孩能拥有这样的智慧呢？"这道题太难了，我根本不会做……"。当然很难了，要不为什么走通这条路的女性这么少呢？

资质一般的女孩，遇到"贵人"，十有八九是个"坑"。而且，人生经验告诉我们，通常被告诫十有八九的事情，到自己身上，几乎就是百分之一百了。对于年轻女孩来说，最好的办法，也是第一反应，就是个"躲"字。

"甜言蜜语"

　　苏青在她的小说《歧途佳人》后半部分描写了一个很会"甜言蜜语"的男人，叫作史亚伦。

　　女主角符小眉在权势人家窦公馆里做家庭教师，偶然参加窦少爷的一次朋友聚会，因此认识了史亚伦。小说中是这么让史亚伦出场的：

　　"有一天，窦少爷又要请客了，不知怎的他心血来潮，央求我替他陪陪客人，我心里虽然不愿意，但也不得不答应下来。座上多是裙屐少年，戏谑百出，有时简直令人难堪。其中有一个叫史亚伦的，酒兴甚豪，谈吐也很得体，而且更可感的，就是他对我似乎很有同情与敬意。"

　　"酒兴甚豪，谈吐也很得体"，而且和众人不同的是，唯独有他"似乎很有同情与敬意"，这是一种常用的吸引女性的办法。赞美、同情、装忧郁，都是这类男人典型的出场方式。

　　"史亚伦是一个颀长的青年，西装毕挺，面容却显得有些苍白。""从那天窦少爷请客，他与我认识了以后，史亚伦似乎总是很注意我，而且据窦少爷说他还常在他的面前夸奖我。"

史亚伦总是找机会和小眉说话，处处从她的角度出发，为她分析"眼前还不大得意"的原因，灌输"识时务者为俊杰"的理念，又不时地提起她的焦虑：

"你的脑子欠灵活，所以你要矛盾痛苦。你不是对现实的环境不满吗？其实你还不是住得好，吃得好，穿得好，你为什么不满意？因为你觉得你不是这里的主人，你是仰仗他们的，这可伤了你的自尊心。我很知道你这类的人是顶希望能够过平静无变化的岁月，最好有一个靠能力吃饭的职业，不必接触人，每月有较优的薪水，省吃俭用下来还可以积蓄些，以备意外之用。可是，小姐呀，这种币值稳定的时代可也许永远不会再来的了。""世界上没有别的真理，真理只有一个，便是一切都变化过来的，现在还在变，将来仍旧要变下去。"

于是小眉也觉得自己"老是想不开"，当下的"生活方式有些不大对""眩惑了，不知道该选择哪一条路走——正当的呢？还是不必要正当的？"处于那种地位的女性，如果没有坚定的信念，容易成为"机会主义者"。然而符小眉毕竟还有些学识，不想成为"机会主义者"，但她也成不了简·爱，是有烟火气的人，于是停留在那里，任凭他人提意见，让自己的思绪左右摇摆。

窦先生发现了这一点，于是对她提出忠告，史亚伦这种人"除掉一张嘴巴会哄人外，什么真实本领都没有的。……这种浮滑青年简直就是骗子存心不良而又没什么手段，只好哄哄你们女人及小孩罢了"。但真话总没有那么动听，小眉"没有话说，但心里却觉得窦先生的话是不公平的，却又不好替史亚伦辩护"。

对于小眉，窦先生本也是非常认可的，如此交流就多了起来，却导致了公馆上下有些闲言碎语，后来窦家突然宣布小姐要上寄宿学校去了，小眉只好离开了窦公馆另外找了个住处，临行前窦先生给了小眉一笔钱。这时，不受窦先生欢迎的史亚伦又来讨好和游说她：

"小眉，你太倔强了，你吃了亏还要嘴强，我是很同情你的，你用不着恨我，只要你愿意，以后我当永远使你快乐，永远的。"小眉认为"史亚伦是一个坏人，然而却是有吸引力的""跳舞可是跳得真好，与他搂在一起，任何女人便会不期而然地跟着"。

接着史亚伦就向小眉求爱，"意志薄弱"的小眉"不爱他，但是不能不承认是喜欢上他了"。"他是不可靠的，我知道，但是我们终于在一起了"。达到这个目标后，史亚伦要做她的"顾问"，教她"交际本领"，小眉知道，史亚伦和她在一起的目的，无非是利用她和窦先生这种惺惺相惜的关系，以及她的色相，但她虽然感觉很不愉快，也没有特别抗拒。

机会主义者史亚伦接触到一个富有的犹太人，这人由于走私货物被查，愿意掏出20根金条找人帮他解困，史亚伦想得到这笔意外之财，就让小眉去找窦先生帮忙。小眉不愿意求人，便拒绝了，不料史亚伦不死心，以认识军方人物为幌子，分两次把那 20 根金条骗了出来，存在小眉家里。犹太人发现其中有诈，告发了他，史亚伦锒铛入狱。

史亚伦在狱中托人带信给小眉，要她找窦先生求救，但窦先生只是观望，并没有出手。小眉急坏了，又是找律师，又是假借窦先生的名义托人，中间还被人骗，花了不少钱，终于把史亚伦救了出来。

出狱后的史亚伦秉性不改，依旧巧舌如簧，一会儿向她借钱，一会儿要她做交际花开设赌局，最终两人又走到了绝境。无奈之下，小眉只好去找窦先生，窦先生这次终于出手帮助小眉解决了钱的问题，史亚伦第二天被宪兵队秘密逮捕，小眉摆脱他之后重获自由。

这是一个典型的用"甜言蜜语"欺骗女人的例子，而这女人，明明知道对方为人不踏实，还是受不了那些好听的话，进入了圈套。大概是有侥幸心理，觉得不至于那么坏。然而认识到一个人的坏处并不是从他的言语中，而是从未来交往的后果才能知道，知道这后果时，却为时已晚。

苏青的这本《歧途佳人》里有大段大段的人物对话，读起来很顺畅，其中史亚伦的"歪理"讲得特别多，我建议大家都好好看看，了解这类男人都是采用什么样的"套路"。女人往往不能做到"以史为鉴"，如果能尝试着"以小说人物为鉴"，"以八卦故事为鉴"，也是不错的。

漂亮有学识的女性，尚且如此，普通的女生，如果掉入这样的坑，会如何呢？有人说，普通女人，就没有人愿意向你"甜言蜜语"了，因为没有什么可获取的啊。当然不是了，出身有不同，坑的种类和大小也不同，别人的目标也有很大差异，你怎么知道别人需要的是什么？严格地说，没有一个女生能够抵御"甜言蜜语"。如果"甜言蜜语"没有用，怎么会有人煞费心机地去说这么多的"甜言蜜语"啊？一定要相信，人与人之间，有时就像物种之间一样，是一物降一物的；每个人，每件事，也都有自己的位置，"凡是现实的，都是符合理性的"。

　　一个男生，对自己所爱的女生，说些好听的话，让女生觉得温暖、开心、放心，原本是再正常不过的事情了。人们常说，男人要懂得浪漫、有情趣，会说话不就是其中最重要的一项吗？那么，怎样的"甜言蜜语"才是正向的呢？怎样的"甜言蜜语"又算是"坑"呢？

　　一个正常的男人，每天在外赚钱养家，忙于生计，在家为你鞍前马后，端茶倒水，应该是资源耗尽，怎么会有时间去想出那么多"甜言蜜语"来呢？一个勤勉的男人，他的"甜言蜜语"一定是偶尔为之，真诚而发的，不可能整天妙语连珠，"如滔滔江水连绵不绝"的。

　　相反，一个成天在耳边说好话的人，你倒要反思一下，他做了些什么，他说这么多好听的，是赚钱养家了？还是为你端茶倒水了？那些连续不断的甜言蜜语，都是有阶段性目标的，达到目标后，要么立即消失，要么在准备下一个目标。所有他付出的代价，一定是和他要达成的目标相匹配，你不妨以 10 倍的代价对他提出要求，看看是什么反应？

好听的话，人人都爱听，这是人之常情，可是如果太当真，就上当了。陌生人的恭迎奉承，只是拿来娱乐的，并不能当回事，就如"美女"这个称呼一样，只要是个女人就会被称为"美女"，这是社会阿谀奉承习气的"普世化"。女人应该对自己有清醒的认识。而身边的人的言语，则要难分辨得多。最不靠谱的，是那种"吃一口就走"的浪子，话最甜，功利性最强。这个好办，这种人最讲究成本，提高他的行为成本就可以试探出来，去购物中心买买买，就试出来了。一般稍有理智的女生，都能分辨出来。

最后，提醒女性朋友们，在夜深人静的时候，你去想一想，看一看，身边酣睡之人，是否牢靠？要不，心电感应，托梦过去："尽形寿，不离弃，汝今能持否？"爱人，是要和他过一辈子的，听到他开始说"甜言蜜语"了，便立即要有理性和冷静的分析，"说这话的目的是什么？是梦话么？"虽然有时会显得"煞风景"。如果你的爱人总是一句好听的都不会说，也犯不着太懊恼，试着安慰自己，至少"忠言逆耳利于行，良药苦口利于病"。这是多老的话啊，偏偏是年轻的女孩最不易听进去的。

"潜力股"

·

对于大部分年轻女孩来说，找个"富二代"或者功成名就的"大叔"结婚过日子，都是不现实的。主要有两个原因，一是心理上还是有些抗拒的，毕竟这么多年的教育，家庭和周边的人都不太认可这样的做法，门不当户不对的，容易被人说成是"走捷径"；二是难度确实比较大，这条路上比较拥挤。

找到和自己当下相匹配的，又是"潜力股"的男朋友，就是很多女孩最现实的选择了。可是，怎么样的男生，才算得上是"潜力股"呢？有潜力，从字面上看包含几个方面的意思，第一是现在还年轻；第二是暂时不算成功；第三是将来能有大发展。满足这三点，才算是"潜力股"，第一二条很容易看出来，基本上都是啊，可是这第三条，偏偏是个将来时，又是个主观的事，这就很难看得准，踏空的可能性很大。

而且，都说女人青春短暂，等到"潜力股"可以爆发之时，也是女人们青春消逝之时。如果踏空，没有爆发，女人们岂不就成怨妇了吗？事实上，很多怨妇之所以成为怨妇，就是众多"潜力股"们彻底潜下了水冒不了泡造成的。

　　我认识一位姐姐，上海人，她的老公比她大10岁，爱好炒股，应该是国内股市1990年重启以来最年轻的一批股民，是当之无愧的"潜力股"。90年代末，她是年轻漂亮的大学毕业生，他是股市里风生水起的弄潮儿，收获颇丰，展望她们未来的婚姻，是一派欣欣向荣的景象。她老公结婚时的口号是，通过股市，在40岁之前财富自由，实现提前退休的梦想。

　　可是，如今这位姐姐自己也已经40多了，她的老公却还在继续上班，20年的积累和努力，都在股市里化为了泡影。幸好由于她的坚持，老公还能留在国企里上班，她们现在还能住在自己的婚房里。辛辛苦苦，又回到了20年前，只是两个人都老了20岁。

　　这"潜力股"为何成了"坑"呢？归根结底，还是没有把聪明的脑筋用在实在的事情上，按说早期股市里赚了钱，就该投在实体上，而不是继续这种类似"赌博"的游戏。因为有些股市，实在是说不上什么金融属性，通过股市投资推动实业成长，那说的是巴菲特们的股市，未必适合其他人。这位姐姐的老公，没有看清楚这"巨坑"，导致自己也成了家庭的"大坑"，岂不可叹又可恨？

如何判断一个年轻的男人有没有潜力呢？第一是看他有无闯劲，其次是看有无成功的基本素质，再次是看他与时代节拍是否匹配，最后，所有条件都满足了，他能否做到"糟糠之妻不下堂"呢？别最终忙乎了一二十年，"潜力股"一举腾云而去，再也回不来了。

既然起点不高，又想要爆发，就不可能四平八稳地生活了，就得突破现有的框架，得去闯。平常百姓家的孩子，如果没有闯劲，那么几乎没有爆发的可能，就算不得是"潜力股"了。

小林来自福州连江，现在生活在纽约。连江，地处闽江入海口的北侧。当年她的男朋友，初中同学，现在的老公，最初是在闽江边挑沙子的挑夫。她们都来自农村，没有任何其他资源。男友初中毕业后，没能考上高中，就去闽江边挑沙子了。因为灵气，就去帮老板看沙场，18岁后就自己开沙场，给建筑包工头提供原材料，不到两年，他就成为了当地数一数二的沙石方老板，当小林从福建师范大学毕业成为办公室白领的时候，她的男友已经是连江县数得上的建筑包工头了。当然，从事这样的行业，其中的艰辛和劳苦也是外人难以揣测的。

小林在福州温泉公园边的CBD上班三年，她的男友就随着福州市援藏团做了三年大包工头，然后他们就双双移民美国了，选择了福州人最多的一个城市——纽约，定居了下来，年纪轻轻就过上了殷实的生活。应该说，小林找的男人，就是一个"潜力股"。

有很多的名牌大学生，看似资质不错，却醉心于四平八稳的公务员或者国企工作，没有闯劲，是无论如何都成不了"潜力股"的。因为在这些"单位"里，需要的心眼和手段，远比在外面打拼要多得多。一般的"妈宝男"和"经济适用男"是难以堪当大用，成为"潜力股"的。虽然，他们性格温和，规规矩矩，也许会成为一个"好老公"，但对于积极进取的女性来说，却是扶不起来的"阿斗"。

不过，这实在不能算是个"坑"。真正的"坑"，是有人假借奋斗之名，或者掂量不清自己的能力，有意无意地骗女孩子的钱财去"创业"，却无果而终的。虽然说不能以成败论英雄，但如果还要搭上女友的钱财，这就很值得警惕了。

创业本就是高风险的事，九死一生，对于普通人的家庭，大多是不合适的。对于年轻人来说，积蓄不多，没有可以帮助垫底的家庭做依靠，创业就不能选择那些需要资本的路子，而只能靠自己的力气和智慧。如果认识不到这一点，那么这样的所谓"潜力股"男人，就是一个坑，十有八九要像一个黑洞一样，把妻子、家庭和父母亲友的钱财都陷进去。

实际上，大部分所谓的"潜力股"，最终都将庸碌无为，这是概率决定的。成功之人，毕竟是少数，女孩须对此要有清醒的认识。你要的是什么？如果是平安稳定的生活，就踏踏实实找个"经济适用男"，心里就别想着"潜力股"的事情。如果是心有不甘，就得好好剖析一下，你找的人，究竟有无"潜力股"的品质和闯劲。如果一门心思要找"潜力股"，反而陷入"坑"里的可能性要更大。因为"潜力股"也在找他需要的资源，你们两个的眼光，可能都差不多，才会走到一起来啊！这时候，大概率事件，是你找到了你的"坑"，而他找到了你，作为他的"垫脚石"。

最后，我要说，女人要想"潜力股"爆发，不如自己练好内功，先把自己练成"潜力股"。这等待"潜力股"成长的过程，恰恰是最大的"坑"。把时间和精力放在自己身上，自己成功了，也会激励对方进步，这才是防止踏空的最好办法。

"妈宝男"

.

    "妈宝男"这个词，不记得是从哪一年开始有的，似乎也是在互联网上出现的。最早我看到这个词，还挺有些好感的，觉得"妈妈的宝贝"，至少人不坏，应该挺乖、挺孝顺的，而且家庭很安逸，才会培养出"妈宝男"啊。

    可是，当我认识几个"妈宝男"，以及从一些姐妹那里知道许多"妈宝男"的事迹之后，这种观念就彻底改变了。

    "妈宝男"长大后，还是她妈妈的"乖宝贝"，但是对于他的女友或者妻子来说，可能就是一个"坑"。年轻女孩找男朋友、找老公，一定要躲开"妈宝男"。我认为，"妈宝男"可能很难爱上一个同龄的年轻女生，或者说，这种爱可能是非常粗浅的。"妈宝男"在情感上脱离不了母亲的控制，有经验的女生，是很容易体验出这种情感是比较"淡"的，因为对方无法投入全部的情感进来。接受"妈宝男"的，往往都是涉世未深的小女生。

"妈妈和老婆同时掉进水中，你先救谁？"这种小女生的问题，就几乎不需要"妈宝男"亲自来回答了，每一个人都能帮他找到答案。

现实中，往往是最"优质"的"妈宝男"，也未必能给女生带来幸福。有的女性朋友会问，刚才不是说了，"妈宝男"就是个坑吗？怎么会有"优质"的"妈宝男"呢？有的，有一位优质到极品的"妈宝男"，在中国，乃至东亚地区都是家喻户晓的。他就是《红楼梦》中的贾宝玉。

贾宝玉是衔着玉出生的，金枝玉叶，天生富贵，按照当时的体制，靠着祖宗的荫蔽，他即便不会诗词、歌赋、文章，将来也会获得一官半职，何况贾宝玉还文采斐然，如果再出息一些，中个进士，甚至状元、榜眼、探花之类，出将入相，也是大有可能的。

贾宝玉从小就怕父亲，基本上是在他的奶奶贾母、他的妈妈王夫人庇护下长大的，后来又生活在大观园里，童年和少年的生活中接触的几乎全是女性。

虽然宝玉和黛玉相互认为对方是知己，在一定程度上说明，宝玉具有觉醒的可能。可是，在那个年代，在那样的家族，晚辈都是身不由己的，何况"妈宝男""奶宝男"呢？最后，宝玉的婚事，还是王夫人进宫见了她的大女儿——

作为皇妃的贾元春，赐婚给贾宝玉和薛宝钗。这时，贾宝玉已经不仅仅是"妈宝男""奶宝男"，甚至还是个"姐宝男"，毫无招架之力。

薛宝钗嫁给了"钻石级"的"妈宝男"后，并没有过上幸福的生活，而且贾家迅速败落，宝玉万念俱灰，遁入空门，薛宝钗只落得孤身一人。由此可见，嫁给钻石级的"妈宝男"尚且风险如此之大，何况一般的人家呢？

有的女生认为，也许现实不会都像小说一样惨，有些"妈宝男"家庭条件好，对方性格又温和，这样的男人，实在不忍心放弃啊。怎么说呢？如此一来，就得赌上自己一生的命运了，但这女生至少得自身很强大，将来能"压得住"婆婆，打理得了家产，才能得以善终。

很多"妈宝男"的形成，是因为有一个强势的妈妈，对于女生来说，就是将会有一个强势的"婆婆"。而一般和"妈宝男"结合在一起的女生，不太会是"妈宝女"，也多少是对生活有些个人见解和锋芒的，这样就难办了，这个家庭必然要面对难以处理的婆媳关系。而"妈宝男"是没有能力解决这些问题的，因为有天然的母子关系和几十年的习惯，会毫无疑问地倒向妈妈这边。这个时候，女生就会非常受委屈了。

"妈宝男"对于女性的大部分认知，可能都来自于他的母亲，这样会在他心中形成一个思维定式：凡是和妈妈的习惯及形象相吻合的，都是好的，凡是和妈妈的习惯及形象相违背的，都是不好的。这种思维定式，会导致他与所有女性的关系，都笼罩在妈妈的影子里。

人们常说，人生数十载风雨，哪能不遇到点事呢？一帆风顺，每天都阳光灿烂的人生，毕竟还是少数。世间事有悲欢离合，人们遇到的这些事或大或小，大则生老病死，小则职业发展、情感波折之类，总有些疙疙瘩瘩，甚至是难以处理的。女性朋友们在年轻时希望结婚，希望有个家，就是期盼这种时刻来临的时候，可以有个依靠的肩膀，在这种时候能够顶住，做决策，为自己遮风挡雨。可是，"妈宝男"一般是难当大任的，这种时刻，往往还会躲在妈妈的家里哭鼻子呢。

"真正的男人"所应具备的担当、责任和勇气，在"妈宝男"这里是很难看到的，因为之前的所有困难，都被他强大的妈妈解决了。人们很难看到"妈宝男"们去创业，或者远离家庭去冒险。有人说，"妈宝男"的真正成熟，或许要在他的妈妈离开这个世界之后。男人的成熟，总离不开独立的锻炼，无论早晚，只有毫无依靠，才能真正地成长和醒悟过来。可是，这种代价太大，时间也过长，他的妻子，或许等到那个时候，就已经成为了丈夫的第二任"妈妈"了。

期待"妈宝男"成长为一个真正的"男人"，还不如退而求其次，把自己的儿子培养成真正的"男人"，避免他成为"二代妈宝男"。

但有时候，人的品性通过家庭环境来继承，可能比通过基因遗传还要管用,嫁了个"妈宝男"之后的女性,由于丈夫的羸弱，往往自身会被煎熬得"强大"起来。这种"强大"，也会铸就自己在小家庭中的强势地位，为了把自己的儿子培养起来，也容易过度溺爱和发号施令，加上 Y 染色体的遗传作用，很有可能把下一代也培养成"妈宝男"。

这就是谚语中说的"屋檐水，照旧痕"啊。

"盲目创业"

因职场疲惫而创业

绝大多数人从学校毕业后都是进入职场。不管是"955"还是"996"的上班模式，职场都是生活中占比很大的部分，至少从时间上看是这样，除去周末节假日，除去三分之一的睡眠时间，一睁开眼睛，至少有一半的时间是和同事们生活在一起。

在都市里，多数工作都不是工厂流水线，有人的地方就会有江湖，有矛盾，领导、同僚、下属，相互之间有很多复杂的人际关系要处理。有些女性不善于交际，说自己本身业务能力还不错，只是工作之外的这些情况完全应付不来。这是一个错误的认识，所有的工作中，自己单独完成的内容，只是工作的一部分，而你所要交付的劳动，并不能只有这些技术性或事务性的内容。

与人沟通，让你的想法为人所接受，争取资源，对接好上下游，也是工作的一部分，甚至是更加重要的内容。职员的业绩评估和升职加薪，固然有前一部分的内容作为基础，但更重要的还是后一部分内容。很多人看不惯那些在职场中善于钻营人际关系的人，觉得他们面目可憎，这种观念需要克服一下，因为对于管理者来说，他们没有办法构建一个理想和高尚的小社会，职员群体已经摆在那里了，只能按照"成事"与否，用人"顺手"与否来判断一切。

有的女性说，换了几个工作了，上班还是很不开心，每天"上班如上刑"，从精神到身体都非常疲惫，因而想要辞职。辞职后做什么呢？"创业"。但职场上遇到的问题，在自己创业的过程中同样绕不开，上下游供应链、甲方乙方、员工关系，其实和打工时差异不大。看起来是做了老板，自己说了算，仔细想想，还是处处受到制约。

成功的创业者往往也是职场上的优秀员工，反之，在职场上处理不了的问题，在创业阶段依然会显现出来，但这时经营上所有的后果，都是作为老板的你来承担的，压力可想而知。为了逃避职场而进行的创业行为，很有可能是个"坑"。

人们不是因为逃避而自由，而是因为解决问题才获得自由。

创业的时机和资源

创业者往往是带着职场上积攒下的客户和资源创业的。如果只对市场做了一些简单分析，就觉得找到了目标客户，便要非常小心了。

"可能"不是"现实"。目标客户要成为切实的客户，需要一个过程，这个过程一般来说是做过生意、成交过。很多女性开始创业的时候，都会受到周边的人的鼓励，说一定支持之类，但你的产品出来后，她却未必会买。没有经过核实的，几乎不会成为你的客户，这是目标客户选择上的问题。

有的女性错把职场能力当作创业能力，"在家千日好，出门一时难"，职场和创业的关系也是如此。很多职场人士销售业绩很好，但实际上主要是平台带来的光环，大公司的知名度，完善的产品和服务体系，这些才是决定成交的真正因素。女性在辞职创业前，一定要考虑清楚，客户看重的是你本人，还是你背后的公司？假如换个其他员工，这种合作关系是否一样可以维持下去？如果换了自己新的创业平台给客户提供服务，是否能达到同样或者更好的效果？

错把原有的公司资源当成自己的资源，也是很危险的。供应商是经过多年的合作，才与你原来所在的公司达成合作关系的，比如说账期、价格。换成你自己的小平台后，还会有账期吗？还会有这么优惠的价格和快速供货的周期吗？对于新客户，供应商往往要求支付全款，账期也可能不是和你对接的人员所能掌握的，而是他身后的公司风控体系所决定的。同样的，持续经营的大公司容易得到银行贷款，利率也低，但多数金融机构不会给新成立的小公司贷款。

什么样的女性适合创业？

人们往往会认为"女强人"，或者性格上比较"男性化"的女性，比较容易创业成功，这是一种思维定式。所谓的"男性化"性格特征，无非是指"坚强、干练、雷厉风行"这些品质，实际上很多外表柔弱的女性也具备。但在一般的商务场合，对方没有那么多的时间来了解你的这些品质，外在的第一印象非常重要，女性应该对自己有正确的评估，适合职场还是创业。性格温和柔软的女性如果要创业，尽量避免激烈竞争的方向，而应该选择那些需求互补型的方向。

一味咄咄逼人的女性也是不适合创业的，真正的"女强人"不会在所有事情上都强势，而是讲究张弛有度。例如在初次价格谈判时表现得"强"一些，是有利于把虚高的报价打下来，或者坚持自己合理的利润；但在员工关系上，就应该采用柔和一些的方式。试图改变职员和试图改变老公一样都是徒劳的，在用人方面应该事先选择，而不是逼迫对方做出性格上或做事风格上的改变。要相信，改变人性比做生意本身难多了。

创业的女性需要具备基本的逻辑思维能力。女人是感性动物，男人是理性动物，这是一种简单化的说法，实际上很多理工女的逻辑思维能力也很强，而有些男性外表魁梧，内心却过于感性。没有经历过完整商业周期，又过于相信自己直觉的女性，在逻辑上不能自洽的女性，都是不适合创业的。

据说大约有 1/4 的女性，在情绪上有过失控的表现，这并不代表这些女性完全不适合创业。这 1/4 的女性当中，大部分还是能与人正常交流，完成商业活动的。但这 1/4 当中又有 1/4 确实不能够控制自己的情绪，并使之常态化，就不太适合创业了，至少不适合独立创业。

创业的方向

前面提到，人们往往认为"女强人"才适合创业，这固然是源自社会对于女性的偏见。但我们不要把女权主义的理想追求与商业混为一谈，在商业上只能面对现实，要尊重现有的规则。在职场上能够胜任和男性相同岗位的女性，也适合在那些无性别差异领域的创业。而其他女性，则更适合在一些和女性自身相关的领域创业，比如美容、服装、零售，以及与孩子相关的行业，比如教育、艺术等。

要面向刚需。最简单的，吃穿住行，这些都是基本刚需，比较容易识别。在其他领域，就需要经过一些思考了。例如在教育培训领域，一般的社区，孩子最终是要参加高考的，那么数理化相对于艺术培训就是刚需；而对于一些国际社区，反而艺术培训、素质教育成为了刚需。

要正确看待人性。既然是创业，就不要和人性对抗，质问人性，那是哲学家的事，和你没有关系，至少和你的生意没有关系。前二十年保健品和网络游戏为什么卖得好？那是因为有市场，年迈的人们希望轻松地获得健康，即便为此浪费养老金也在所不惜；而年轻人想要无节制地玩乐，哪怕一事无成也乐意。这就是人性，"无良"商家就是靠这个发财的。这些是极端的例子，但在一些"正常"的行业，类似的规则也在发挥作用。在 IT 领域，技术最领先的产品和公司，往往难以逃脱商业失败或被收购的命运，而最庸俗化的产品和公司，因为有好的渠道和利润，却能大行其道。女性朋友们的创业方向和产品，一定要瞄准人性的弱点，比如说"懒惰""怕麻烦"，帮助消费者解决这些痛点或弱点。不要以为这是负能量，人类的欲望和弱点恰恰是推动创新和发展的源动力，洗衣机等家电的发明，以及网购、外卖行业的发展都是由"懒惰"引发的行业革命。

创业的自主性

女性创业是否需要男人帮助？为什么人们都说杰出的商界女性后面总有一个或几个男人？

前面我们一再强调，在商业领域要正视现实，男性确实在商业资本领域占据了优势地位。另外，在商业领域也一定要确立"人性本恶"的原则，两者一结合，就一定会出现有部分男性利用这种优势来俘获女性的情况，这是客观现实，不是法律和道德能完全约束住的。作为自立女性，理应拒绝和避免这种情况的发生，我们甚至在前面还有专门的文章谈论"遇贵人"的坑。

但是，要区别对待那些由于性别差异而带来合作的可能，这种合作是在法规和基本伦理道德范围内的。许多女性创业者都得到过异性的帮助，在世界名著《飘》当中，斯嘉丽就得到了众多绅士的帮助；日本电视剧《阿信的故事》里，阿信在创业过程中也得到很多异性的帮助。我觉得需要评估这种商业合作与个人馈赠之间的差异，如果是由于异性之间易交流易共情而获得的帮助，而这种投资在商业成功后是可以给予对方经济利益回报，不需要付出其他代价的，这种帮助为什么要拒绝呢？

　　当然，如果对方是以此为借口，通过商业活动来接近女性，违背女性创业者本来的主观意愿，来达到自己不可告人的目的，那是应该坚决拒绝的，因为这是一个巨大的"坑"，会导致女性创业者在经济和人格上都陷入不可自拔的深渊。

"全职太太"

　　多数女人希望自己的老公只是块平凡的雨花石，而不是高贵的田黄，怕掌控不住，还是要落入她人之手，但这块石头上最好还得有点什么，这样才值得她长相厮守。

　　晨悦来自江浙的一座小城，相貌清秀，性格温和，2002年大学毕业后来到上海工作，在一家贸易公司做报关员。两年后，她嫁给了同学的哥哥高林，一位IT精英，个子不算高，不胖也不瘦，笑起来挺精神的。高林平时除了上班、加班，偶尔和同事打打球，就是宅在家里，薪资卡都交给晨悦管理，属于会赚钱养家，对自己"经济适用"，但对太太大方的那种男人。晨悦妈妈觉得，把女儿托付给这么一位般配的IT男，"心可以放到肚子里去了"。她一个人抚养晨悦到成年，不期待小家碧玉的晨悦将来能大富大贵，只希望一生能"良人相伴，现世安稳"，觉得目前这个状况就挺好的。

高林的笑容晨悦很是喜欢，在她看来，这个男人的智慧和迷人的微笑恰似那雨花石上的一抹亮色，让他不是田黄，胜似田黄，不会高调到人人欲夺之而后快，但也拿得出手。

高林所在的公司是通信行业数一数二的巨头，光在上海的研究所，就有万人之众。他是研发部门的一个主管，收入在工薪阶层里已相当可观，结婚时买的那套金桥的房子，每月光他俩的公积金就足够还贷的了，完全没有经济压力。一年后，他们有了自己的女儿，家中需要有人照看，便把晨悦妈妈接了过来，并打算长期同住，给她养老。

一切都是幸福家庭标准的模样，机会总是留给有准备的人。大半年后，公司在印度研究所组建了新的研发团队，急需优秀的主管去带领本土员工，做适应当地巨大市场的开发工作，于是找到了高林。

由于是派驻海外的急需人才，高林的职级一下子跳了两个大级，薪资大大提升，光驻外补贴就比晨悦工资高了一倍。在高林接受公司的外语集训期间，晨悦发现自己怀孕了。"这是好事，两个孩子年龄差距小，好带，妈妈年纪不算老，还能帮到我们"，晨悦这么告诉高林，"不用担心，职场上开弓哪有回头箭啊，安心去海外吧，我能照顾好自己。"高林感动了，他决心要更好地报答妻子。

有晨悦妈妈在家照看，高林在班加罗尔努力地工作和加班，攒足了假期，在晨悦生产时，他回上海住足了两个月。二女儿诞生了，一家五口都团聚在一起，那真是美好而忙碌的时光。高林这时决心送给晨悦一个礼物："全职太太"，"你今后就不用去上班了，把两个女儿和你妈妈照顾好，过些年孩子长大了，你就做点自己喜欢做的事，比如你从前不是爱写作么？可以往这个方向发展。收入方面不用担心，我想过几年应该能成为部门的首席科学家，卡里的钱不能一直这么放着，我们去联洋再买套房吧……"

这是 2007 年的春夏之交，他们到世纪公园旁的一个新楼盘还不到一个小时，便把房子买好了，首付发票到手，只等着办理银行贷款了。此时上海的房价已经在一周一价地上涨，月底，甚至有的楼盘一夜之间就涨价一半，等于直接封盘不售了。到了 9 月份，整个上海的房价已经较三个月前普涨了 40%-60%，这真是一个黄金般的夏季。

于是，晨悦 27 岁，便成了幸福的全职太太。作为第一批 80 后，她拥有两个孩子，两套上海市区房子，爱她的老公和妈妈，已经远远地超越了她的那些女同学们。

　　当然，这是故事的上半场。下半场，就要讲到"全职太太"这个幸福的字眼，是怎么"坑害"我们的人生赢家晨悦的。

　　一般在这个时候，会用到"时光荏苒"或"光阴似箭""白驹过隙""乌飞兔走"这样的词语，仿佛讲故事的人手里，有一个时光机，或是水晶球，大家能从哪一个时段开始观察，得看操纵这时光机的人手气了。今天，我一不小心，就把它转到了最后。

　　10年过去了。

　　在北外滩一家景观书店的三楼咖啡茶座，两位时尚的中年女子在一边喝着下午茶。

　　"嗨，你还记得晨悦吗？好多好多年没有她的消息了，还住在世纪公园边的大房子里吗？她可是我们这些姐妹当中第一个在上海买了两套房的人呐。"其中一个问到。

　　"今天怎么想起她来了？她还住联洋的。"另一女子答复到，"去年你没听说她的事情吗？"

　　"她能有什么事？一个全职太太？"

　　"晨悦和高林去年离婚了，晨悦带着大女儿住联洋，高林卖掉了金桥的房子，带着小女儿去洛杉矶了。"

"啊？当年的王子和公主的故事啊，怎么成这样了？"

"高林在国内待不下去了。我听他们公司人说，去年内部 BBS 上传出来的，他和他们市场部的一个女博士好上了。最早是晨悦在网上发帖子，然后是女博士回应，都写得很长，曝了好多料，这么一来一往几个回合，大家都猜到是谁了。有看不惯的同事就把这些帖子拷到内网 BBS 上去，传来传去整个公司都知道了，高林也只好在 BBS 上做回应，后面就成三国演义。那还不离婚？"

"一个女博士啊？"

"这有什么好惊奇的？现在女博士多了。其实在印度就好上了，好几年了，只不过晨悦不知道而已。他俩本来是一个部门的，整天上班、加班都在一起，在海外就是呆公司啊，一天三餐都是公司负责，一天十几个小时呢。"

"晨悦和那人还见过面互送过礼物。"

"晨悦是怎么发现的？"

"哪里有发现啊？！是女博士怀孕了，受不了了，要和高林结婚，要生孩子，高林又没胆子提离婚，才由女博士去找晨悦谈的。"

晨悦在论坛上说，在印度的时候还对女博士印象非常好，想着给她物色对象，没想是'农夫与蛇'。文章一发出来，成千上万的人都在骂小三。就这么骂了好几天，洪水滔天。"
女博士也写了万言书。开始很共情，表示对晨悦的理解，觉得她是淑娴的典范。后来就说这是不得已的事，晨悦和高林的感情，早该冷暖自知，大概是不爱了就不要勉强了的意思。"后来网友之间就闹起来，掐起来了，越发热闹了。

"员工中舆论沸腾，指指点点，高林连食堂都不敢去了。只好出来回应。"

"成'三国杀'了。"

"三个人都是抒情撩人高手，文采斐然，来来回回，反反复复，又持续一两个月，什么细节都讲出来了，这故事还不好看啊？"

"晨悦这就同意离婚了？"

"当然不是。这时候女博士辞职了，留下一首诗，人就不见了。高林也找不着她，晨悦也有点慌，说希望她平安归来，也不写网文了，也改写诗了，朦朦胧胧的，让大家去猜。"

后来高林发了一篇网文，这下至少有上百万的阅读量了。"

"写的什么呢？"

"晨悦出轨的证据。"

"她'全职太太''贤妻良母'的人设崩塌了。"

"可不是嘛。这下网友看够热闹了，说他们两个都不是好人。敢情网友里面都是好人似的。"

"离婚倒是简单了，感情破裂，两个人都有过错，一个人一套房，一个孩子。"

"女博士后来在哪里找到了？"

"人家出国了，大半年后，高林婚也离了，辞职带着小女儿去美国了，才在网上说了一句：'人终于找到了，谢谢大家关心'他们把上海和深圳的房子都卖了，一起在尔湾买大 House，一起创业，这还不轻轻松松的？"

"晨悦怎么样了？"

"在家做微商，总归要生活下去，得有收入。还好粉丝多，同情的人也不少，就卖卖衣服日用品什么的，晨悦的品味还是可以的。偶尔也写写文章，做公号带货。"

整个故事讲完了。怎样？下半场比上半场精彩吧？

"全职太太"，一向被视为先生送给太太的一份"终身大礼"，往往代表着充分的信任和足够的财富。但看起来美满幸福的"全职太太"背后，又隐藏了多少故事呢？回归家庭，放弃了自己获取财富通道后的女性，她的价值要怎样得到体现呢？是靠《婚姻法》？还是依靠爱情、亲情？有多少"全职太太"

能够应对这一切，让它不至于成为一个"美丽的大坑"呢？

女性经过多年的斗争，才获得了工作的权利，这是实现性别平等的最重要砝码。如果一个女人轻易放弃它，在走向幸福的道路上，就一定会有更多更复杂的其他情况要去面对，去处理这些纷繁复杂的情况，一点儿也不比自己独立工作来得轻松。"全职太太"不只是一个经济问题，即便在大富大贵的家庭，"全职太太"对于女性来说，仍然不是一个主流的选择。操持一个家庭，哪有博取社会认同、自己创造财富的人生来得畅快啊？

如果有人害怕风浪，只想躲在小港湾里平静地度过一生，不知想过没：一生很长，再坚固的港湾也有破损的时候，再平静的海面也总有掀起惊涛骇浪的一天。到那时又将何去何从？一生只过一次，我们没有理由不自己把握命运。

第 **3** 章

女性的自我修养

"改变不了世界，还改变不了自己吗？"成年之后，我们发现改变自己也不容易。女性朋友在职场、情感、置业、创业、子女教育等各方面有诸多选择，不同选择带来不同的故事，都与自我修养相关。

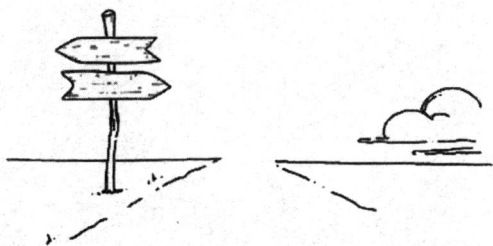

女人与职场

　　1945 年元宵，正是抗战胜利前的最后一个新年，应记者之约，张爱玲在寓所里和她的朋友苏青进行了一场关于妇女、家庭、婚姻诸问题的对话。她们谈到的第一个话题，便是"职业妇女的苦闷"，以下节选了几段话：

　　苏青："妇女应不应该就职或是回到家庭去，我不敢作一定论。不过照现在的情形看，职业妇女实在太苦了，万不及家庭妇女那么舒服。在我未出嫁前，做少女的时候，总以为职业妇女是神圣的，待在家庭里是难为情的，便是结婚以后，还以为留在家里是受委屈，家庭的工作并不是向上性的。现在做了几年职业妇女，虽然所就的职业不能算困苦，可是总感到职业生活比家庭生活更苦，而且现在大多数职业妇女也并不能完全养活自己，更不用说全家了，仅是贴补家用或个人零用而已。"

　　……

"我所谓职业妇女太苦，综括起来说：'第一是必须兼理家庭工作。第二是小孩没有好好的托儿所可托。第三是男人总不大喜欢职业妇女，而偏喜欢会打扮的女人。职业妇女终日辛辛苦苦，结果倒往往把丈夫给专门在打扮上用工夫的女人夺去。这岂不冤哉枉也！'"

张爱玲："可是你也同我说起过的，常常看到有一种太太，没有脑筋，也没有吸引力，又不讲究打扮，因为自己觉得地位很牢靠，用不着费神去抓住她的丈夫。和这样的女人比起来，还是在外面跑跑的职业女性要可爱一点，和社会上接触得多了，时时刻刻警醒着，对于服饰和待人接物的方法，自然要注意些，不说别的，单是谈话资料也要多些，有兴趣些。"

通过上面的对话，我们可以肯定的是，中国女性几十年来在职场上取得了很大的进步，当初是小小的配角，如今已是"平分天下"，从职业的覆盖度、能力发挥、收入等各个方面来说，整体水平都已经和男性很接近了。

但其中提到的几个问题还是存在的：一是有些主要由女性承担的职业收入过低；二是女性与生育，女性与家庭的关系，使得职场女性负担很重；三是职场女性的竞争压力。

例如，护士和低幼教师主要是由女性来承担的职业。医疗行业有句话叫作"三分治疗七分护理"，护士工作的重要性显而易见，但就医院收入来说，护理占比连1/10也不会到。这当然是体制的问题，医疗行业是典型的计划经济，一般来说，护士的薪资甚至还赶不上护工的收入，因为护工属于市场经济。出于社会保障的需要，计划经济在很多时段都是以压低人员工资和产品价格来交付公共服务的，20世纪八九十年代之前的粮食价格和国企工资也是如此。在全社会都采用市场定价机制的大环境下，这种畸形的薪资结构就显得非常扎眼了，而且"吃亏"的主要是女性。女权主义者如果要有作为的话，应该首先面对这个问题，而不只是泛泛而谈职业平等，痛点都解决不了，何谈"女权"呢？

幼教女教师的收入偏低，则主要是市场定位和社会偏见造成的。我们知道，公办幼儿园、小学的收入是不高的，另外就是没有办学资格的民办社区托儿所、幼儿园的女教师收入特别低。但私立／国际幼儿园、私立／国际小学教师的薪资其实是不低的，和护士不同的是，有从业资格的幼教老师，是可以自由选择这些职位的，市场化是一种很好的改善行业环境办法。作为家长，如果选择将孩子送往没有办学资格的民办社区托儿所、幼儿园，显然只有两个原因，一是投入不够，公立学校少，家长受户籍、居住证等限制没有入学资格；二是没有钱，上不了私立或国际幼儿园。甚至于，在这类家长中还存有一种偏见，认为幼教老师就是帮忙看管孩子的"看护工"。

在教育医疗行业的基础型岗位，把女性定位为"看护妇"，不但是典型的职业歧视，也是一种性别歧视，而以制度的形式把薪资定这么低，则强化了这种歧视。教改、医改向来是社会改革的难点，其实难的不是宏观方向，而是具体实施方案。改革的方向很简单，一是对社会资本、外资开放，引入市场机制，在内涵上管理，在运营上放开；二是增加投入，提供基本保障。如果在教育医疗上能够取得突破，女性在职场上的地位将会大大提高，这比空喊"同工同酬""增加女性就业岗位"更有价值。

女性在职场上与男性最大的一个差异是生育必然要影响工作，或多或少。因而对于企业就会有损失，对于大部分企业来说，这种损失是由自身来评估和承担的。虽然法律规定企业承担女性生育期间的薪资、保险，并且不得由此而歧视女员工，但在实际操作中，是否招聘女员工，在什么岗位上可以接受女员工，女员工的薪资待遇等等，会不由自主地成为企业需要思考的问题。显然，由于客观存在的因素而去苛求企业，是非常不合适和难以操作的，女性在职场必须先接受这个现实，然后灵活应对。

幸好，现在的生育保险在一定程度上弥补了女性在这方面的损失，这种直补的方式要比道德绑架企业好太多。在目前生育率很低的情况下，生育保险应该进一步转化成无需缴费的福利，这样也有利于不在职场中的女性，形成普遍的生育保障。或者更进一步，用社保或税收去补贴职场女性生育期间的部分基本薪资，减轻企业负担，让女性在职场中有更强的竞争力和更多的机会。

"已婚已育"和"已生二孩"的女性，大多会在求职时声明这一点，以表示自己没有这方面的顾虑。如此就存在另外一个问题：孩子出生后，谁来带孩子呢？这显然是一个更难于解决的问题。

在上海这样的城市，职场女性上班加上路途时间，已是疲惫不堪，带孩子这个事情很是困难。在孩子进入幼儿园之前，一般是由双方父母之一前来看孩子的，但不是所有家庭都能做到的，这一点就足够影响生育率。孩子入学后，家长上下班时间又不匹配，虽然教育局一直在推行下午放学后在校看护，但进展不大。职场女性上班时还要一直盯着手机，通过远程视频和各种群，了解孩子动态，辛苦程度，远超过了民国时的女性。

至于苏青、张爱玲提及的"家庭工作"方面，倒是取得了很大进展，至少在上海这样的城市，男性和女性承担的家务劳动，并没有特别的差异，很少有人说主要是由女性在承担。都市家庭中的男女平等，总算实现了。

女性职场竞争问题，数十年来也有很大变化。职业女性成为主流，和"专门在打扮上用工夫的女人"的竞争似乎不明显了，主要的竞争，是关于晋升和发展，在获取异性关注和婚姻情感方面，和职业的关系，就没有那么规律了。中国加入WTO之后，职场女性的地位提升趋势尤其明显，通过大量此类题材的影视剧就能看出来，比如说《欢乐颂》。20世纪40年代的"男人总不大喜欢职业妇女，而偏喜欢会打扮的女人"这种情况已经发生改变，当代男性应该是更加偏爱有进取心、聪明智慧的职业女性。

让我们从职业生涯的起点——大学毕业的时候开始讨论。其实这也不是什么共同的起点，人人生而不平等，有的人出生在"罗马"，有的人出生在沃尔玛，由于家庭的因素，本来差距就很大。对于某些人来说，能上大学，已经是人生巅峰了。对于某些人来说，上大学，只是父母安排的一个小小环节，精彩，才刚刚开始。大学毕业，选择体制内还是体制外的工作，这是一个很重大的抉择。这种抉择，往往要10年甚至20年后才能看得清楚。

20世纪八九十年代毕业的大学生，大多选择了体制内的工作，当然后来也有很多下海的。体制内的人，现今大多数人的职级是处级，也有少数厅局级干部，也有还在科员的位置上挣扎的。而体制外的人，情况会复杂一些，成为企业家的不少，大富大贵，但更多的还是挣扎在市场的各个角落求生存。二三十年来，那一代的大学生，体制内得到的社会地位和经济利益等好处，要多于体制外。这是显而易见的，因为我们的国家依然是国有经济占主体，社会生活还主要是由它们在主导。2000年以后，也就是中国加入WTO以后，这种情况有所变化。对于大学毕业生来说，能够进入体制内工作的，已经是凤毛麟角，公务员考试，也比高考的录取率要低得多，大部分人不得不进入企业工作，而且大多是民营企业。

一些文艺范的女生，会期待三毛式的流浪，张爱玲式的自由。但是，一般来说，浪漫和自由，都不会主动降临，大部分女性，都没有能力选择浪漫和自由的生活方式，折腾几次，就人到中年了，这就是问题所在。

几年前有个四川的女孩子，刚刚工作了半年，就辞职去寻找诗与远方了，徒步和搭车走川藏线，后来又去了云南、福建等地，钱花完了就去景区的酒吧餐厅打工一两个月，然后继续行走，这样持续了一年多，一些媒体还报道过，很多人都对她这种追求自由生活的行为大加赞赏。这只是个故事的开始，人们往往听不到后来。后来是怎样的呢？没有人知道。倒是我有个朋友提起，他在一个景区时偶遇这个女孩，加了微信后，女孩就一直努力地说服他赞助她的下一步行程，并且说，一路过来，都是得到大家的小额资助才得以走下去的。这么看来，她的诗与远方，就只剩下远方了，不过一次长时间的穷游旅行而已。

她的远方是什么？没有人知道，估计她自己也不太清楚。这并不重要，人生的主线上，偶尔开个小差，并不会酿成大错，关键是能回得来。如果是体制内的职位，开这么个小差，就回不去了。这就好比婚内的开小差，有些出轨了还能回归家庭，有的就直接"翻车"了。

人生是条单行线。就好比各位，生为女性，走的就是女性的路，天然地存在是否生孩子或者生几个孩子的问题，十月怀胎，目前不可能发生在男人身上。今年 20，明年不可能是 18，一定是 21 岁。如果有人告诉你可以，那是广告，或者是"有意无意的骗子"。

人生单行，青春如花，一去不复返。不折腾，在单行线上特别重要。折腾的人，走的是各种曲线，而不折腾的人，走的几乎是直线，效率当然不同。例如我有两个四十多岁的朋友都是做物理研究的，他们大学硕博连读，然后出国留学归来，其中一位坚持在科研院所里做科研，成果丰硕，或许在 50 岁左右就可以向院士头衔发起冲击了；而另外一位一边做着理论物理科研工作，一边做智能音响，一会儿又开区块链公司，想着赚点儿钱，但他性格上优柔寡断，又无商业思维，十多年来所有生意都失败了，科研上也没什么成果，被单位警告多次。对于大部分人，职业生涯中能选对一个方向，做出一定业绩，就不错了。像马斯克一样，能造出特斯拉，发射火箭，还能修高速隧道，成为"上天入地"的钢铁侠，在整个地球的历史上，也不多见。大部分人，是从头到尾忙忙碌碌地工作，直到退休也不清楚，自己究竟适合做什么，即便最后想清楚了，也没有时间了，人生就是一条单行线，再也回不去了。

人生有很多环节，都是选择比努力重要，职业方面，这个道理更加明显。如果当年我遵循家人的指导，沿着会计的道路走下去，一定会很平庸，而且一定会很无趣。对于我来说，选择与声音相关，以及与女性相关的方向，是最适合我的道路。

大多数女性朋友们和我一样，往往不是从一开始就找到适合自己的方向的。而且选定方向后，还可能遇到很多问题，比如找不到商业模式，赚不到钱，怎么办？要知道，人们之所以放弃自己的理想或兴趣爱好，大多不是因为不努力，而是这个方向养活不了自己，没有钱而不得已放弃。

我们经常听到有些父母给孩子打电话："饭吃了没有？工作辛苦不辛苦啊？领导和同事对你好不好啊？"，这些听起来很温馨的话，实际上都是"废话"，什么资源都没有给到孩子，又希望孩子不辛苦，这等于是让孩子不要有出息嘛。所以，听到的答案肯定是谎言是不是？是的，一定是谎言，因为我们都不想家人担心，但又不甘平庸！父母希望的是孩子平平安安，而孩子们想的是出人头地，这就叫代沟。上一辈，甚至上上辈的人们，由于时代的限制，经历了很多社会变革和不稳定，追求的是"现世安稳"，而我们这一代人，处于完全不同的平台，理应有更加激烈的追求。

人生既是单行线，又何必向后看？嘲讽和荣耀都是过往，我们要做的，就是走好眼下的路，一路疾行，实践自己的理想。

女人与房子

讨论女人与房子的关系之前，先讲一个同龄人的小故事：

婷婷是一个特别坦诚的姑娘，湖北襄阳人，大学毕业后一直在上海生活。最近她约我去上海石门一路喝咖啡聊天，可能是心情不好，电话里只是说："我来上海已经10年了，沪漂10年，当初满怀希望，如今却混成了一个彻彻底底的Loser……"我回想了一下，上一次见面是9个月前，就在她上班的虹口SOHO，当时觉得她挺有朝气的啊，人长得漂亮，热情开朗，善于社交，供职于一家香港的化妆品公司负责品牌推广，一大堆杂事儿被她处理得井井有条，生活过得也挺充实，为什么变化这么大？

一见面，婷婷就告诉我原来的公司关闭了上海的分支机构，她刚找了个新工作，过两个小时还得赶回去处理事情，并吐槽说路太远了，可能坚持不下去。我便问她新公司在哪啊？回答说在杨浦区靠近共青森林公园的一个创业园，上下班都得花一个小时。我便说："干嘛一定要约在南京西路碰面呢，我可以直接去杨浦啊，浦东从隧道过去非常方便的。"她说自己对于地理方位完全没概念，来上海10年之后依然不熟悉城市地形，她对上海的印象就是从中山公园到世纪公园的内环区域，以及两大机场。这和之前的我非常相似，也许是一类女性的通病，只记得自己周边世界，片区周围有哪些餐饮设施，有什么地铁站，方便去哪里，而且往往以自己所处的一方小天地来评判整个上海。婷婷不知道，多出去跑跑看看中环、外环、郊环的上海，看看周边的一些郊区，自己对上海的认识会更多，做出的决定也会客观得多。

按正常逻辑，既然是租房住，换了份工作或公司搬到哪儿了，会就近找个房子住，可婷婷依然坚持住在中山公园附近，哪怕每天上班路上得花一个小时，因为她害怕改变自己生活的小环境。婷婷之所以有这种意识，说到底还是因为自己的圈子，和她走得比较近的都是注重生活感受，以自我为中心的女性人群。她们喜欢的生活方式是，走出家门就能接触到最新奇的事物，交往各国朋友，听到各种新奇故事，就像打怪兽升级一样，随着城区的升级而不断进阶，在变化中寻找满足感。我曾经也这么认为，这就是大都市的好处，但后来觉得这些东西并不能带给人真正的进步，就好比游乐园中玩了一个新项目，比别人玩得早一些、好一些，可以在朋友圈秀秀而已。

"其实我一直对奢侈品都没什么概念，也没什么渴望，看到后也不觉得一定要买，我并没有乱花钱，只是把钱花在那些能促进我内心成长，个人技能提升，认知提高的事情上，比如说旅行、游学、健身、看画展、戏剧、音乐会，以及租了个市中心的两居室房子独住。"她情绪有些低落，"唉，可是我现在感觉自己就是一个失败者，按眼下流行词就是 Loser。"

"为什么这么说自己呢？"

"我还不是失败者吗？来上海漂了 10 年，没有户口，没有房，没买车，也没什么存款，现在年纪又大了，马上容颜不保，没结婚没男朋友，这还不是失败者吗？"

"你是什么时候开始有这种感觉的？"

"就最近吧，这种感觉越来越明显。有时候想，我的收入也不比那些上海小姑娘低，甚至还比好些人高，但她们没有这些焦虑，住家里的房子，成天有人张罗着给介绍男朋友，有亲友、有同学、有社交，她们可以不需要在职场上有多大的野心。"

事实的确如此，我只能给予婷婷一些安慰和鼓励，此时讲述励志故事和案例不合时宜，就做好一个倾听者吧。和9个月前比起来，婷婷变得沉重了许多，前些年她总是说："我并不在乎一个男人有多好的经济条件，重要的是两个人心灵上的交流，价值观上的契合，大家能一起把生活过得更舒适更美好。"这样的话我听过无数，就像"耳边风"一样无感，我对婷婷说："你可以先去苏州或杭州买套房子，那要比在上海容易很多。买好房子，与在上海继续奋斗，以及将来找男朋友，安家落户，其实并没有任何冲突。"后来我发现这样的建议对很多人都无效，他们总是因为一些小小的顾虑而放弃去做重要的事，或稍有难度的事，对于婷婷来说，她的软肋就是特别怕麻烦。当然，我曾经也是一个特别怕麻烦的人，我讨厌所有规则，不喜欢按既定套路做事，后来我终于意识到，世界上只有一件事是特别便利而且没有麻烦的，那就是无节制地花钱消费，但它会消耗你所有的机会。

婷婷接着说："我以前是完全没考虑这些事儿，觉得生活自由舒适就好，没想过自己也要存钱买房，也没想过买房还有这么多的手续，每个月发了工资，就会想着去哪里旅行，或者去学个潜水什么的。现在对这些都没什么兴趣了，就想着要把钱留下来为买房作储蓄，但连买嘉定、青浦的小房子首付缺口都挺大。而且还要办居住证，考虑学区、交通，觉得好烦呢。"

"自由""舒适"，多么熟悉的词，那曾经也是我对于居住的看法，买房多不自由啊？租房就不同了，想住哪就住哪，直到后来体验到"自由""舒适"两个词之下隐藏着多大的代价。原来只是自己不想去思考而已，我相信了那些冠冕堂皇的词而忽略了真相，最后还是不得不一个人去面对。当所有的真相扑面而来，就会有不尽的沮丧感，而当你面对真相的态度务实起来、一点一点地去解决问题时，也会慢慢积累成就感。

婷婷就到了必须面对真相的时候了，她33岁了。如果身边还有人能一起分担、互相鼓励也是不错的，可惜婷婷没有结婚对象。如果婷婷早几年意识到要买房，她的父母也许能够帮上忙，错过时机房价飙涨后，一家人也是有心无力了，父母退休后也需要留着钱作为养老和医疗金之用。

"种树最好的时机是10年前，其次是现在。"做别的事情也一样。婷婷最终还是行动起来了，开始攒首付，并且为了看房跑遍了宝山、嘉定、青浦、松江等郊区，她决心一定要拥有一套上海房子，不管多远，多小。

这是一个单身女孩下定决定买房的心路历程。实际上，房子比她想象的还要重要。

"金九银十"，每年的秋天，房子都会成为热点话题。2018 年的秋天，和 2008 年、2013 年房地产低潮时的秋天一样，楼市又遇冷了。但房地产相关的话题，似乎更热门了，大家都在讨论，这个市场将会走向何方。这时有一个大大的娱乐新闻和房产有关，据说某著名一线女星卖了几十套房子来补缴税款和罚款以免去牢狱之灾，而她的男人，却很久没有出现了。2019 年，他们果然分手了。这说明，对于女人来说，房子比男人靠谱。

女人在房子这件事情上，有"四项基本原则"：

一、房子比车子、漂亮的包包、衣服更重要。

二、女人结婚前，务必有婚房。

三、单身女人，一定要给自己买房，无论大小和产权性质。

四、女人如果离婚的话，务必要拿房子。然后，有条件的话，带着孩子一起生活。

人加房子等于家，没有房子，就不算是一个家，女人可以没有男人，但是一定得有房子。女人得保证自己一直在家的庇护下生活，儿时在父母家，有房，结婚时有房，离婚也得有房，单身有房，养老也有房。

张爱玲一生没有买房子，一生都在漂泊，没有家。这并不好，她不会理财，不会投资，又没有房子，钱就会偷偷地溜走。财富得不到积累，晚年的凄惨景象就可想而知。

一般来讲，年少富贵的女性，长大后往往对房子没有感觉，而童年经历过贫困，特别是居无定所，四处漂泊的女性，长大后就会对房子有特殊的偏好。有人说"房子是租来的，但生活是自己的"。可是，生活是你的，劳动所得却都归房东了，连张爱玲都得为了房租而写作，凭什么还说房子不重要？莫言得了诺奖后，关于奖金方面，与外界讨论的第一个问题便是：这些钱，在北京也买不到像样房子。当然，通州区有消息可以给他这样的诺贝尔奖得主免 100 平方米的人才公寓租金。

房子很重要，单身女性也得有自己的房子，于是很多开发商盯上了女性，特别是商业楼盘的房地产商。这些年商业地产的销售一直不太旺，他们就把房子开发成商住楼，LOFT，很温馨很漂亮的那种，非常 MINI，玻璃卫生间，大落地窗，专门针对女性做营销，包装成"嫁妆"也是有的。事实也是，这些房子往往都被单身女性买走了，即便是家庭购买，做出购买决定的，也是女性。

但是这些房子却并不是最好的投资。商住房，租金高，地段好，主要分布在一线城市，本来是比较有价值的。可是，最近十年，由于政策和税收的原因，这类房子在购买、持有、销售的时候都有很高的成本，成为各方"豪强"的"香饽饽"，虽然很不合理，但是最近几年还没有改善的迹象。购买时税费高，贷款利息也高，甚至不能贷款；持有时水、电都按商业计算，物业费也不便宜，每个月挤占了女性不少化妆品的零花钱；出售的时候，还要交增值税，契税也没有优惠。另外，产权只有40年或者50年，也不知是为了什么，定这个年份数字，究竟是代表了什么含义呢？店铺也是的，买铺卖铺，开服装小店，美容店，各个环节上都是在赚女人的钱。

其实，最好的房产投资，还是住宅。住宅增值快，税费低，水电又便宜，刚需多，出手还方便。什么行业都讲究"刚需"，"刚需"一定好卖。女性购买房子的优先顺序是：一线城市的住宅、二线城市的住宅、一线城市的商住、三线城市的住宅、二线城市的商住、其他城市的住宅、各线城市的商铺。

判断一套房子能不能买，就应该找上十位女性来投票，如果得票超过八位，就一定可以买。她们自己愿意长期住在什么样的房子里，什么样的房子就是好房子。市区住房一定比郊区住房好，郊区住房一定比公寓好。这就好比职业一样，哪个行业的美女多，哪个行业的薪资待遇就高。城市魅力也一样，美女多的城市，一定是好城市。

所以说，女性，生活中往往很感性很冲动的角色，在一些重大事项上面，却是最为理性的"动物"。都说女人像水一样，那么"美女"就像是红墨水，是全社会全行业的标志物，女人的选择，就是社会的风向标。这么说会不会"物化"了我们女性呢？其实，不太用管"物化"不"物化"，黑格尔都说了："凡是现实的，都是符合理性的"。

女性购房，还得考虑理想和现实的关系。女性之间，对于房子的要求，差距太大。应该说，几乎每一套房子，都住着一位女性，无论是高端还是低端的楼盘。同样是女性，都是有房的，有的人住在黄浦江边20万一平的房子里，有的人住在西部乡镇2000元一平的房子里，面积先不说，单价就差了100倍，这里的落差，是多少碗"人人生而平等"的心灵鸡汤都填不满的。对于大多数女性而言，这确实需要好的心态来面对，有什么样的现实条件，就买什么样的房子。

电视剧《蜗居》，就很好地表达了女性对于房子的态度。"海萍"要买的房子，是有菜场有生活气息的房子，这就是市民女性的生活，她们不需要"雪茄吧"，也不需要什么会所，要的是便利和实惠。她的家，选择在一个竟然能接收到"江苏移动欢迎您"短信的地方。现实中，大约会像上海安亭这样的地方吧，生活便利，配套也好，只是偏远了些。而年轻漂亮，与权贵"宋思明"梦中情人形象相吻合的"海藻"，对生活的要求就不一样了，宋为她安排的房子，是市中心高档社区里的大平层，就连家具都是世界一线品牌的。

说到上海的房子，很多外地人都会想到电影电视剧里面，苏州河边，或者是陆家嘴的高层公寓，推开窗就是东方明珠和外滩，大家都觉得上海好。而现实中，够得着这样梦想的，也许只是少数一线明星和巨富之家。这几年，由于房价的快速上涨，大多数新来上海的女性，如果能在外环线外的罗店、江桥、浦江、周浦、曹路这些小镇上买上套房子就已经很不错了。因为，即便是这些房子，一套也要 500 万元以上呢。

　　我来上海之前，看的是《大城小爱》这样的影片，却没有看过《蜗居》，对上海的印象，也就是黄浦江和苏州河一线。来到上海后，才亲身体验到了"海萍"眼中的上海。一般的旅行者，来上海后会觉得不如想象，而去香港后会觉得超乎想象得好。这主要是因为，上海及内陆地区的影视剧里，总是体现"大人物"或时尚生活多一些，而旅行者往往进不去这些"大人物"的"高档社区"；相反，香港的影视剧里，大多是体现市井小民生活的场景，什么"深水埗""旺角"，而人们旅行去的地方，却往往是"中环""太平山"和"清水湾"。

　　女人对于房子的态度，体现了对于人生的态度。我身边有很多女性，这十多年来一直在换房子，年轻时先买郊区的小房子，过几年换市区的大房子，有的已经买了好几套了，或者住上了大 House。伴随着房子的变化，她们的事业、家庭也有了很大的进展，这些都是不满足于现状，积极进取的女性。虽说生活中要追求的不仅仅是固定资产和财富，还有精神财富，但成就都是相辅相成的，进取心也是同样地体现在各个方面。当然，也有很多女性朋友，基于现实的考虑，安心于当下的生活，有一套房子住着就心满意足了，追求的是"稳稳的幸福"。

女性是房子的点睛之人，总是会把房子布置得温馨而浪漫。房子里有了女人，就有了灵性，否则就是冷冰冰的，像个山洞。没有女性的居家生活，就像回到了"山顶洞人"的时代。女人对于房子的态度，也类似于对男人的态度。经济适用房，对应的就是"经济适用男"，顾家、会做饭、会帮洗内衣内裤，但是没有钱耍浪漫；市区别墅、滨江大平层，对应的就是"精英男"，会赚钱，但是却很难顾家，房子越大，里面住的人反而越少。

某些住在小房子里的女人，生活安定，工作有闲暇时，就会幻想起大房子来。如果实现不了，就会一股脑把气撒在"经济适用男"身上，怼上一句"没用的男人"，全然忘记了这男人为她洗衣做饭、端茶倒水的温情。而有些住在大平层里的"白骨精"女性，在商场、职场打拼之余，往往又回忆起自己的青葱岁月，单纯的旧情，又鄙视起"精英男""油腻男"的钻营取巧，拈花惹草来，有时还啐上一句"渣男"而忽视了对方为自己带来的财富和保障。与"红玫瑰"和"白玫瑰"相对应的，是"精英男"和"经济适用男"；而与"蚊子血"和"白饭粒"对应的，则是"渣男"和"没用的男人"。生活中，刻薄的女人面对穷人总是在谈房子，而与富人却谈的全是感情，横竖都不开心。而聪明的女性则相反，有没有房，或者不论住着怎样的房子，都能获得幸福。

房子和男人，一个不会说话，一个会甜言蜜语；一个不会动，一个会乱跑，都是女人怎么也绕不开的话题。

女人与城市

　　男人谈论城市，往往一开口就说哪里的美女多，这不奇怪，男人本来就是感官动物嘛。比如，有不少人说重庆美女多，但这两年在解放碑却不太容易看见美女了，为什么呢？他们说重庆美女都跑到上海、深圳这样的一线城市来了。

　　这是个事实。撇开"物化"女性的争议，从现实的角度来看，"美女"确实是一种风向标，什么城市繁荣发达，什么行业兴旺，就会吸引漂亮的女性加入。作为女性，在没有完全发挥出自己能量的时代，趋利避害肯定是第一选择，选择好的生活环境、富裕的城市，就和选择高富帅的男人，是同一个道理。年轻的女性们一定要生活在一个欣欣向荣的城市，这样对心情也会大有好处。

　　有些"键盘侠"喜欢对追求美好物质生活的女性加以批评，而对于有精神追求放弃物质享受的女性加以褒扬，因为这种评论不需要任何成本，又可以降低女性对自己创造财富能力的期待。每个人的生命历程只有一次，只要不对他人有危害，人们有选择自己生活方式的权力，无论是追求物质抑或精神愉悦。对于女性朋友们来说，做成自己的事，过好自己的人生最重要，而其他一切都是噪音。

电视剧《蜗居》里海萍是一个性格独立，生活独立，同时对自己职业和未来有规划的女子，她有自己的理想，那就是要在上海落下脚，有房子，有事业。

以海萍的学历和能力，如果留在家乡，过一种安稳的生活，一家人也不会那么焦虑，甚至还能过得舒适。但海萍不想做井底之蛙，还是决定离开，并带动自己的妹妹海藻，也跟她一起来到上海。海萍觉得自己和妹妹这样优秀的女子，就是应该生活在上海这样的城市。

她希望凭借自己的能力，在上海有一个美好未来。但是，事情并不像她想象的那么简单，遇上房价飙涨的时代，仅仅是拥有一套房子这样的小目标，对于没有任何积累的她来说，也是难上加难。

海萍好几年都住在租来的"蜗居"里，在她老公苏淳看来就是，你说来江州（上海）干嘛？也从来不去听一次演唱会，展览也没去逛过，这个城市的漂亮、光鲜、也从未消费过，你觉得这个城市属于你吗？

海萍的起点并不高，来到上海后好几年，甚至过得不如普通小市民，并没有像其他都市剧里的精英女性一样，拥有全球飞来飞去来去的自由及平台。她的生活只不过换了一个城市，从自己的蜗居到单位，过着两点一线的生活，后来也不过在一个偏远得能收到"江苏移动欢迎您"短信的地方，买了一套普通的房子。

海萍后来的逆袭来自于她的专业技能和大都市的机遇。宋思明给她介绍了一个想要学习中文的外国朋友，海萍从小学习成绩好，教学方法得当，这个外国朋友对海萍加以鼓励，说她教得非常好，如果我是你，就一定会开一个培训学校。海萍就抓住了这个机遇，开办了自己的培训学校，显然，类似规模化培训外国人的机会在海萍自己家乡是不会有的，正是一线大都市，才让她拥有更多链接世界的机会。

城市，是人类文明的主要载体。没有人会认为，是乡村引领大家进入现代生活吧？互联网、手机、人工智能这些高科技，肯定是首先应用在城市的；而大商场、大超市、美食城、酒吧等，也毫无疑问是伴随城市而存在的；学校、医院更是依赖于大都市……作为女性，让自己和下一代有更好的生活条件，是再正常不过的想法了。选择一个更好的城市，就有可能选择更好的生活，就如上海世博会的口号所提倡的"城市，让生活更美好"。

　　"择一城终老，遇一人白首"是许多女生的基础梦想。但这基础梦想，并不意味着很容易实现。这个世界上，往往最基本的诉求，对于有些人来说却是最难之事，例如健康，例如稳定。"现世安稳"，现今不算是难事，但在乱世，却是百姓的最高理想。"遇一人白首"因人而异，情况也相当复杂。而关于"择一城终老"，则相对并不那么复杂。

　　比如在我生活的城市上海，有数百万来自外地的年轻女性，其中有些觉得生活压力太大，还有的是因为大龄未婚，从而产生了离开的想法。她们有时候会纳闷，自己应该选择在哪一座城市生活，来上海的选择是否正确？选择什么样的城市，对于女性群体来说，其实答案很简单，去一个能实现自己梦想的城市；而对于个体来说，情况又会相对复杂一些。

　　有的女性的梦想，全部在一个男人身上，那么她的选择很简单，就是这个男人在哪一座城市，她就选择哪一座城市。但是，这个过于"狭隘"的梦想并不是我这里想讨论的。我认为，女性的梦想，应该是以自己人生价值实现作为真正的目标，选择一个最能实现自己价值的城市生活。当然，很多女性的能力远远超越了一般的市井生活，可以在数个城市间甚至全球飞来飞去，来去自由，这样就拥有多个不同城市的生活。

　　对于广大出生在非一线甚至非二线城市的女性朋友来说，都存在这种选择的必要性。如前所述，为什么重庆美女要前往一线城市生活呢？那是因为一线城市有更高的收入、更好的生活环境、更多链接世界的机会，甚至更多有进取心的男性。当然，事情如果这么简单，倒也好办。问题是，我们的一线城市，现如今并不是海纳百川的，不像当年的上海滩，谁都可以来闯一闯。

现在北京、上海的目标是，要控制人口，确保城市人口和土地不超过规划，虽然不知道这种规划在经济学上的依据。首先，要取得北京、上海的户口是极难的，即便是居住证，要办理起来，也是相当难的。就连购房资格，也是各种限制，比如上海就规定至少要交满五年社保。五年后，别人二胎都生好了，自己的窝还没垒起来呢。有的人就想着，买个商住吧，可是现在连商住也不给建设了，建好的还非要把卫生间给拆了。总之，想尽了各种办法要把暂时"不符合条件的人"赶走的大城市，的确"门槛"有点高，而这些，也进一步增加了大龄单身男女青年在大城市的数量。

作为女性，现在要留在北京、上海这样的城市，甚至要像早年移民美国一样，找个当地人嫁了，10年后才能获得这个城市的正式身份。如果没有足够的条件，人家又这么不待见你，生活没有基本的保障，还是离开算了，天下之大，总有可施展拳脚之处。所以，最近我建议身边的女性朋友们，尽量选择去杭州、苏州、南京这样的城市生活。为什么呢？因为这些城市同样产业结构丰富，人口素质较高，同样拥有良好的发展前景，关键是更加包容、友好。

比如，杭州是最早喊响"最多跑一次"政务服务口号的城市，风景优美，市民友善，民营经济繁荣，宜居宜业，应届大学毕业生可以零门槛留下来，而且有房租补贴，往届的也只需要缴纳社保即可。杭州相对上海要悠闲，一线城市该有的配套设施都有了，房价只是上海的一半，薪资水平却差不多，生活的品质就要高很多。而作为南北交融、六朝古都的南京，则拥有丰富的科教资源、山水人文景观，对于具有大学学历的人，户籍是完全开放的，显示了很好的包容性。南京、杭州和苏州，情况都类似，我觉得很适合那些向往一线城市而又被排斥的女生。

　　年轻女性在成长的过程中，会遇到很多的"坑"，如何躲避这些"坑"，也是我经常提到的话题。有一点可以肯定，这些"坑"大多都来源于你生活的城市。一般来说，在积极进取、开放包容的城市，遇到"坑"的可能性要小一些，而保守、计划经济特色浓郁的城市，遇到"坑"的可能性就要大很多。那种让生活在其中的人们缴纳了很多的税费、社保、公积金，到头来只是因为没有户籍或居住证，就什么保障都不愿意提供的城市，就是大坑。这样的城市，已经忘记了来时的路，变得保守和排外起来，失去了人口红利，步伐已经明显落后，不适合创新创业了。这一点，深圳就比北京和上海要好很多。

　　现实一点看，城市也是分层级的，不同层级的城市，提供公共服务的能力、机遇、发展前景、链接世界的能力是不同的。生活在其中的人们，综合素养、创造财富的能力也是不同的。

虽说城市是个大社会，任何一座城市，都生活着各个层级的人们，阶层流动性也很大。但是对于个体来说，选择县城还是省城，还是一线城市，自己能够达到的层级还是有所不同的。一般来说，在自己出生的城市，原生家庭的固有基础，总不会让人过得太差，而去了更高"层级"的城市，原本的资源就未必能用上，自己的优秀是否能够竞争得过别人，就完全靠自己的努力了。

作为有梦想，对生活品质有要求的女性，应该根据自己的能力，选择适合于自己的城市。一般来说，女性可以稍稍跳高一个台阶，而男性往往选择和自己能力相对应的城市生活。其实这也是造成一二线城市出现大量优秀"剩女"，而乡村出现大量单身汉的原因。

多年以前，在一个山区县城里，有一位在银行工作的女性朋友跟我说，她原本是出生在一个地级城市的，只是由于嫁给了她的中学同学才来到这个县城生活的，而之前的愿望是至少定居省城。因此她言语中透露出很多遗憾，以及对现状的不满，她的一句话我一直记得："生活在这样的小地方，出去了都会被人看不起"。对于不安于现状的人们来说，不出去闯一闯，总是不甘心的。

有位在乡镇中学当教师的亲戚就一直跟我说，想到上海、深圳这样的城市来"打拼"一下，我问她想做什么样的工作？她就说，做什么都可以啊，但如果去企业打工，她又担心丢失事业编制。接着又抱怨上海的中小学不对她们开放户口，无法以调动工作的方式来接收她们。总之，自己才华横溢，都是城市的错。这样就比较难办，有些现状，或许是不合理吧，但已经摆在那里了，唯一能改变的，就是自己吧。

在一二线城市，有各种各样的时尚发布会、话剧、演唱会、展览……这些东西，对于女性的诱惑是很大的，一点点小资、一点点虚荣、一点点优越感、一点点满足感。人是群居的动物，很多社会活动，即便不是主导者，作为参与者甚至旁观者，也可以感受到生活的精彩。

最后，我还是觉得，不管在什么样的城市，大家还是要做生活的主角，而不仅仅是做观众，因为我们的人生，只有一次。选择合适的城市，是为了实现自己的梦想，而不是旁观他人梦想的烟花如何绽放。

女人与孩子

女人与孩子，大概是所有人际关系中，最具温情的关系了。

孩子出生之前，在母亲的体内有 10 个月的时间，孩子们既有母亲一半的基因，又和母亲血脉相连，母亲对于孩子的影响力理所应当是最大的，孩子也对母亲有天生的依赖感。

两千多年来，孩子素来是被中国人当作自己的"私产"对待的，这种代际关系，虽然最近一百多年改善了很多，但仍然有很深的传统。女性地位提升后，母亲从父亲手中夺走了一半的权力，重新成为了对孩子有控制力的"主人"。

女性对孩子的"主人"姿态，从她们和孩子交谈的声音中也能感受到。我在做声音教学时，观察到有些女性朋友的声音形象不是过高就是过低。所谓过高，就是母亲对孩子展示的权威过多，声音里充满了斥责的意味，具体表现是音量大，语气硬，语速快。所谓过低，就是交谈时把孩子当做什么都不懂的小娃娃，从而自动"减龄"自己的声音，具体表现是变化声线和语调，模仿孩子的稚嫩表达，而不是以成熟、平等的声音和孩子说话。

我参加过几次外国友人的聚会，他们都带上了自己的孩子，期间让我体会最深的一点，是他们和孩子交流，解释、回答问题时，用的是成人的语音、语调和语气。他们跟孩子说话的方式，从内容到形式上都不太会以稚声稚气的形象出现，不会用给自己声音减龄的方式来"配合"孩子，他们跟孩子说话时就是成人平常说话的状态。

他们和小朋友初次见面打招呼，也是认真地、正式地自我介绍，并不会因为对方是一个孩子就变得随性。孩子会从交互中意识到：我是一个同样被尊重的"人"，从而更大胆表达自己，对自己的言行负责。孩子会意识到，自己并没有因为"小"而没有权利，也不会因为"小"而随心所欲越"权"。我想这可能也是得益于他们的"未成年人保护法"充分保障了孩子们在家庭中的权力。

但中国的"婚姻法"和"未成年人保护法"，都没有能够充分地体现孩子们在家庭中的权力，这一点，相较"妇女解放运动"，仍然有很大的差距。

"独立之精神，自由之思想"

在我的声音课里面，有个案例是讲训斥的声音，母亲如何训孩子："你作业写完了没有？！""不可以出去玩！""快去睡觉！"现场的女性朋友们都非常有同感，这便是个明证。

中国母亲对于孩子有着巨大影响力，这种影响力甚至会贯穿孩子成年以后的很长时间。而西方人则有些不同，他们的理念，只要是个人就是相互独立的，孩子在他们眼里，首先是和他们对等的一个人，特别是在成年后，就完全独立了。

孩子在童年时，对母亲是非常依赖的，一句句的"妈妈""Mum"，是不是听了心都要融化，唤起了所有女性朋友的"母性"呢？两三岁之后的孩子，已经不像一岁时那么让人操心了，可以自己说话和走路，是最好"玩"最可爱的时候。可是，我问过一些小朋友，最不开心的事情是什么，许多都回答："妈妈要让我上培训班"。看来，女人和孩子最初的紧张关系，应该是来自于学习。

> 记得有个周末，在上海的滨江森林公园，有一个小女孩爬上江堤，看见长江口的轮船穿梭不停，高兴得跳了起来。她妈妈问她到："今天玩得开心吗？""开心！这里非常好玩，可以放风筝，还有大轮船……"，女孩边跑边回答。"那么今天回去要写篇日记哈！""……"，女孩的笑容立即凝固了，眉毛皱了起来，从手舞足蹈到呆若木鸡，几乎连一秒钟都不需要。这位母亲真的是太煞风景了，对于小女孩来说，"人生不如意，莫过于此"。这位母亲大概是年岁久了，忘记了自己童年写作业的阴影了。

就像我之前的文章所说，以"为了孩子"之名，来实现自己掌控人生的欲望，这是一种非常自私和危险的做法，主要是基于妈妈对自己的不自信。如果妈妈自己会学习，孩子也一定会"有样学样"好好学习；如果妈妈自己不爱学习，一直督促孩子去学习，即便有一时的效果，从长远来看，也是徒劳的。

有些妈妈在该给孩子独立的时候没有给予自由，而在不该让孩子"独立"的时候，却费尽心思要让孩子适应集体生活，比如在孩子三岁之前送去上"托班"。除去有些家庭实在没时间带孩子之外，这实在是一个非常不可取的办法。孩子在幼儿阶段需要的是父母，而长大之后才需要自由和集体生活，在三岁之前是非常不适合"上学"的。我甚至觉得，上幼儿园也就是让孩子去玩的，如果家长有时间陪同孩子，可以不必每天都送孩子去幼儿园的，五六岁之后再适应"集体生活"，也是没有问题的。顺从孩子天性才是"独立之精神"的本质，幼时对爱的体验，对家庭的依赖，对玩乐需求的释放，甚至是长大后独立思考的前提，激发学习兴趣的基础。

在孩子还很小的时候，就把孩子当作独立的人来对待，母子关系就会好很多，对孩子的成长也大有好处。把监护人的角色，转化为一种陪伴的角色。就像放风筝一样，一直拽在手里，是飞不起来的，该放就放，该收就收，实际上，线还是在你的手里。

每个人都会经历青春期，但是叛逆却不仅仅存在于青春期。除了年龄原因引起的叛逆外，孩子有新的想法，想超越父母的时代局限性，也会产生叛逆，这种叛逆持续的时间很长，直到父母不再对他有什么影响力。这种叛逆，在很多作家对自己成长过程的描述中都可以看到。

父母的局限性，有的是时代带来的。比如五六十年代成长起来的一代人，就和80年代成长起来的一代有巨大的差异。五六十年代人的价值观，形成于计划经济时代，而80后则是市场经济的影响力占主导，又赶上了互联网时代，科技日新月异，这两代人差距是非常巨大的，矛盾冲突也将是异常激烈的。这种冲突导致了一个有趣的现象：五六十年代的人，称呼80后90后为"垮掉的一代"，而80后90后则反讽道"坏人变老了"。其实都不至于，却体现了两代人满满的相互不理解。

还有些局限性，是母亲受教育的程度不如子女带来的。孩子成年后，读书多，见识广，接触的天地更加宽广。这时，我们的母亲们，就到了该彻底放手的时候了，孩子们已经不再是风筝了，而是有了自己翅膀的鹰。即便是母子关系，我们仍然要提倡陈寅恪先生的"独立之精神，自由之思想"。

偏心

有天中午我在陆家嘴滨江散步，看到一家四口很醒目，因为他们穿着亲子装，爸爸妈妈带着一个七八岁的姐姐和一个两三岁的弟弟，看得出来，这是一个各方面条件还不错的家庭。小姐姐一直不开心，一脸的委屈。妈妈对她说，"你从今天早上到现在，就一直不开心，这样玩得有意思吗？你看弟弟都很乖，他这么小都不哭"。小姑娘还没到懂得"梨花带雨"的年龄，立即"哇"的一声大哭了起来，一屁股坐在花坛边不走了，那面容好委屈啊，就是那种张开了嘴的大哭，通红的脸庞上全是向下的弧形，眼泪哗啦啦的。她哭诉道："自己想买的玩具都得不到，当然不开心了，你们现在只会给弟弟买玩具了……"。幸好，这母亲说话还是平心静气的，小女孩还只是自己在宣泄情绪，并没有相互对抗的愤怒。

从小女孩说的"你们现在只会给弟弟买玩具了"，可以了解到，她觉得委屈的主要原因还不是购买玩具的愿望没有得到满足，还有更深层次的原因，那就是，她觉得弟弟分走了原该属于她的爱。中国城市居民习惯于独生子女政策已经至少30多年了，甫一放开，这些久违了的"偏心"故事，就又有了萌芽，只是大家还有些不适应。

这样的"偏心"故事，古已有之：红楼梦第七十五回，贾母带领众人在凸碧山庄赏月行酒令，轮到贾赦的时候，他讲了一个笑话："有一家子，一个儿子最孝顺，偏生母病了，各处求医不得，便请了一个针灸的婆子来。这婆子原不知道脉理，只说是心火，一针就好了。这儿子慌了便问：心见铁就死，如何针得，婆子道：不用针心，只针肋条就是了。儿子道：肋条离心远着呢，怎么就好了呢？婆子道：不妨事。你不知天下作父母的，偏心的多着呢！"。后来贾母也自嘲道"我也得这个婆子针一针就好了"。

可见，即便在这样大富大贵的人家，长辈偏起心来，连大儿子都要受委屈呢。不只一个孩子，偏心是难免的，做父母的，事事不得不找平衡，也是不容易的。如今二胎，将来三胎放开后，女性朋友们在孩子之间的爱心平衡，看来又将是一大考验哦。女性在自己紧张的工作之余，面对多个孩子，要养得起，要有人带，还不能偏心，这样的压力，怕是仍需不断地磨练呢。

爱的记忆

生命是有限的，每一个人都会老去。女性在老去之前，还有一件同样令自己悲哀的事，就是容颜的逝去。保养极好的女性，能留住自己的容貌美丽的时间，也不过是 30 年，这已经是极致了。

幸好还能有孩子，他/她不仅有你一半的基因，而且很像你，举手投足中总有你的影子，你年轻时的容颜，往往会在你的孩子脸上重现。更让人欣慰的是，他/她将来也会有自己的孩子，把这些特征继续传递下去，许多年以后，世上早已没有你，但你的基因仍然还在这个世界上一直延续着。只是大部分女人都还无法像男性一样，一代代将姓氏传递给孩子，没有像 Y 染色体一样可以根据家谱做遗传体系考证的依据，这是历史学界和生物医学界的遗憾。

女人有了孩子以后，就把孩子当作人生第一要紧的事，从孩子出生那一刻的疼痛，到最终离开人间那一刻的恍惚，仿佛是多重的接力。第一次接力，是你把生命的接力棒交给他 / 她，并陪伴着他 / 她跑上远远的一程；最后一次，是你最终停歇下来之前，还能看见他 / 她在继续下一棒的行程。世上最疼你的那个人就是这么离你而去的，你也是如此把你最爱的人留在这个世界上的。

人生的最末阶段，期待我们能再次回到电影"寻梦环游记"里的温馨场景，孩子们会永远保留你的影像，我们对孩子说：在爱的记忆消失前，请记住我。

女人与男人

从前，女人总认为，男人是一切不幸福的根源，然而没有男人，也谈不上什么幸福。世上只有两种人，从亚当和夏娃开始，谁也离不开谁。

"有钱的单身汉总要娶位太太，这是一条举世公认的真理。"
——简·奥斯汀《傲慢与偏见》。

在两百多年前的英格兰，多数女性出于经济上的原因，还是把婚姻看作第一要务。离开现实，过于追求独立，幸福也就远去了。有的小说宣扬的是女权主义理想，但作者在现实生活中却未必能得到幸福。在 19 世纪初，当时人类文明最进步的地区，女性对于平等的要求依然是如此强烈：

"你以为，因为我穷、低微、不美、矮小，我就没有灵魂没有心吗？你想错了！——我的灵魂跟你的一样，我的心也跟你的完全一样！要是上帝赐予我一点美和一点财富，我就要让你感到难以离开我，就像我现在难以离开你一样。我现在跟你说话，并不是通过习俗、惯例，甚至不是通过凡人的肉体——而是我的精神在同你的精神说话；就像两个都经过了坟墓，我们站在上帝脚跟前，是平等的——因为我们是平等的！"

——夏洛蒂·勃朗特《简·爱》

事实是：越是缺乏的，越是需求强烈。勃朗特三姐妹都没有幸福的人生，但小说中女主角却语言锐利、思想清奇。这段对话绝不会发生在如今的上海，因为沪上的女性在男女平等这件事情上，可以说已经达到了一个很高的标准。当然，在20世纪40年代的上海，情形则有所不同，有当时的女作家对话为证：

苏青："用母亲或是儿子辛苦赚来的钱固然不见得快活，但用丈夫的钱，便似乎觉得是应该的。因为我们多担任着一种叫作生育的工作。故觉得女子就职业倒绝不是因为不该用丈夫的钱，而是丈夫的钱或不够或不肯给她花了，她须另想办法，或向国家要保护。"

张爱玲："用别人的钱，即使是父母的遗产，也不如用自己赚来的钱来得自由自在，良心上非常痛快。可是用丈夫的钱，如果爱他的话，那却是一种快乐，愿意想自己是吃他的饭、穿他的衣服。那是女人的传统的权利，即使女人现在有了职业，还是舍不得放弃的。"

——苏青张爱玲对谈记

当时的上海女性，还远远谈不上经济独立，主要还是依附于男性来生活。短短数十年就发生深刻变化，中国女性是这么表达这种自豪感的：

"我如果爱你——

绝不像攀援的凌霄花，

借你的高枝炫耀自己；

我如果爱你——

绝不学痴情的鸟儿，

为绿荫重复单调的歌曲；

……

我必须是你近旁的一株木棉，

作为树的形象和你站在一起。

……"

——舒婷

这是一种获得"突如其来的"平等后的情感表达，之所以强调自立自强，和"乍暖还寒"一个道理，需要用言语来保卫成果，更呼吁"女性同胞"共同努力来"配得上"这种平等地位。

从19世纪初，到如今的200年时间里，越来越多的女性成为了国家领导人，女性地位有多高，就意味着这个国家的自由程度有多高。法国人素来喜欢以女性来代言自由，比如他们送给美国人民的礼物"自由女神像"，还有卢浮宫里的名画，"自由引导人民"。大概意思是，法国人民向往自由的愿望，就和他们向往女性的美好与性感一样强烈。但讽刺的是，法国历史上却从未出现过一位女王或女总统。相反，他们传统而保守的邻国，倒是出了不少女王和女首相。百年英法战争，据说起因也是两国在女性的王位继承权上的分歧。

女权主义的存在，是性别平等尚未实现的标志，如果有一天，大家对于"女权"这个词非常陌生，那么意味着男女平等已经不成问题了。就好比物质匮乏的年代，孩子们对糖果是那么地渴求；而如今的孩子们，已经很难见到他们眼中那种对零食的欲望了。

然而，有些女性已经不满足于和男性平起平坐，而是想着"改造"男性。我们在"年轻女孩要躲避的那些坑"中提到，有的女性偏向于选择"潜力股""凤凰男"，其实内心有一个愿望，就是婚后努力去"改造"自己的老公。在实践中，这是一种很危险的做法，非但成功的概率不高，还会在极大程度上引起矛盾，甚至成为婚姻解体的导火索。就像女人要追求独立自由平等一样，男人也不喜欢被人所控制，哪怕这种控制来源于自己的爱人、家人。妻子打着"为他好"从而"为家好"的名义，去敦促、指使甚至逼迫自己丈夫做"更有出息"的事，大概率是要失败的。

"成事"的原因，不光要有才华、主观意愿，还得有各种客观资源。女性在言语上鼓励和要求自己的丈夫，属于促进其主观意愿的努力，在资源不匹配的情况下，精神遥遥领先，只会让自己疲惫不堪，毫无用途。很多的"旺夫"故事背后，都有很多你想象不到的情况。这些成功的男人背后，或许有个好岳父呢，难不成写故事的时候，还要把这些拿出来摆一摆？一匹被拼命抽打的马，难道就能跑过火车？

当然，"御夫"的说法不仅仅是在女性取得平等的工作权力和社会地位之后才有的，在女性没有经济地位，处于家庭从属地位的社会里，也仍然有女性通过掌控家中的男性而达到"翻身做主人"的目的。最突出的例子当属一些"垂帘听政"的太后、皇后，甚至有武则天这样直接坐上皇帝宝座的。当然，这些例子没有普遍意义，她们掌权的方式，仍然是通过父权的体系，这是一种嫁接式的权力结构，甚至是"矫枉过正"的典型。

但是这些例子倒是可以说明，女人和男人的关系，并没有我们想象得那么简单。女性在男权社会的从属地位，并不像我们想象得那么悲惨；而女性取得政治上的平等权力和经济上的工作机会之后，也并不像我们认为的那样，解决了所有的问题。构建和谐共进的两性关系，可能比形式上的平等，更为重要。对于女性来说，进退自由，是一种更大的幸福，进可出任CEO、竞选总统；退可做全职太太，不因性别而有什么荣耀或自卑感，才是正常平和的两性关系。

第 *4* 章

名著内外女性故事的启示

　　阅读名著，除了体验文字的优美，还能增加人生阅历，和观看影视剧一样，可以在很短的时间内体验别人度过的一生。那些经典名著中的女性，以及那些女性作家的经历，为我们踩过很多的"坑"，留下了比影视剧更为安静和深邃的思考。

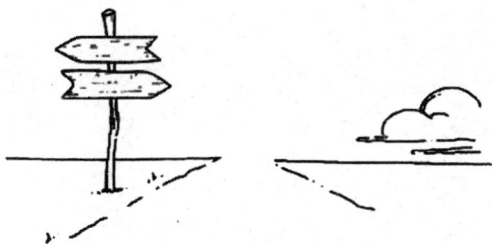

最近重读了许多关于女性的世界名著，总的感受是，近两百多年来女性命运变化最大。通过看故事来了解女权的进展，而不是通过史料。这是一个偷懒的办法。然而历史书籍上的事实也避免不了偏颇，文学是对生活的模拟，虽然和事实不同，也反映了当时的生活和思想。从某种角度来看，它比史料更有色彩和温度，就像照片没有被发明的年代，油画也是不错的选择。历史数据照顾不充分的角落，比如情感、心理等，我们可以通过读文学作品来了解。

　　我在此选择的文学作品，多数创作于19世纪，在此之前的小说作品所展现的女性地位，也不会比《源氏物语》高太多。女性地位的大幅提高，确实是在文艺复兴、工业革命之后的事。这和我们之前讨论婚姻的情况一样，生产力的上升才给这些变化创造了条件。简单地说，女性地位的提升，很大一部分是由于机器替代了体力劳动，女性得以在生产中担当了和男性一样的角色。

　　我和大多数女性一样，不太愿意去记忆历史年代，但涉及到具体话题，我还是去查了查这些名著诞生期间的一些大事件：一个是英国的工业革命，以18世纪60年代棉纺织业和蒸汽机的技术革命为标志，一直延续到19世纪的三四十年代，为妇女运动的产生提供了经济条件；一个是法国大革命，1789 年 7 月 14 日，同时也是世界女性运动的开始，狄更斯小说《双城记》就提到德发日太太拿起武器，和很多女性一起参加了攻克巴士底狱的战斗；第三个是 1848 年，美国第一届女性权力大会，通过了女性版的"独立宣言"，阐述男女平等的权利，霍桑的小说《红字》正是受到该运动的鼓舞而创作出来的。

多数世界名著都受到了上述大事件的影响，也有少数例外，比如简·奥斯汀的小说就几乎"完美"地避开了这些时代特征，她专注于写贵族或者牧师之家的乡村生活，书中最热闹的场景就是舞会，最关注的话题是遗产与爱情。实际上，任何一个时代的多数女性都不太关注大时代背景，比如政治、战争、科技革命等等，她们更加关注生活中琐碎的小事。这并非什么坏事，我们甚至可以把这种注意力理解为一种"和平"的力量。

《红字》：女性主义的"五月花"

　　前面提到的《红字》虽然反映的是 17 世纪北美殖民早期的故事，但它出版于 1850 年，实际上是用美国第一次女性革命后的观点去解读 200 年前的事件。在读这本书之前，我只了解宗教迫害是欧洲人移民美洲的一个重要原因，但没想到在 17 世纪的波士顿其实宗教迫害也很厉害，霍桑的故事就是取材于当年有几位女性被当作女巫而遭受绞刑。这说明，即便在新大陆，人们也并不是从一开始就自由的，人们不管逃往哪里，都不可能生而自由，要想获得权利，只能通过努力，甚至流血斗争获得。

　　作为殖民地的象征，这里不仅有教堂、墓地、监狱，还有绞刑架，小说一开始就渲染了充满规训的压抑氛围。一个夏天的清晨，一大群人围在绞刑架前的广场上，他们在等待又一场审判结果的执行，不过，这次不是要绞死什么人，而是要将一个女人示众 3 个小时，她就是海丝特·白兰太太，她被判处"通奸罪"。按现在的说法，海丝特的罪名只是"疑似罪名"，因为她的丈夫——一位杰出的医生，下落不明，很有可能已经死在大西洋上，如果他死了，这个罪名便不能成立，但是，政教合一的法庭认定，她在没有确认丈夫生死的情况下与其他男人结合并怀孕，就是有罪的。不过他们还不想立即绞死她，一方面是理由还不够充分，另外一方面他们企图继续诱惑海丝特说出那个男人的名字，以便绞死这个男人，更好地威慑所有企图不遵守他们教规的人们。但他们失败了，海丝特守口如瓶，宁可接受更加严厉的惩罚，也不愿意把自己的爱人送上绞刑架。

海丝特抱着 3 个月大的女婴，站在高高的绞刑架上，衣服的胸口上佩带着一个代表着耻辱的红字——一个大大的猩红的字母 A。她思绪万千，回忆起自己在欧洲的童年和少女时光，眼前的这一切就像是梦一样不真实。但孩子的啼哭声提醒她，这一切都是真的，身上的红字和身后的绞刑架，都是真真切切的存在。她抱着孩子，俯视全场，目光坚定，竟让人联想到圣母玛利亚。

孩子的父亲是该教区的牧师丁梅斯戴尔，他是个才华横溢的年轻人，毕业于英国牛津大学，雄辩的口才和宗教的热情使他在当地颇有盛名，但此刻信仰及负罪感撕扯着他的灵魂。

对于海丝特来说，她的想法简单而直接得多，带有明显的女性主义色彩。她并不屈从于任何现成的条条框框，对于她来说，既然婚姻里的爱情不存在了，且丈夫下落不明，极可能已丧生大海，那么自己便是自由的。因此，她丝毫不认为那个别在胸口的大大的红色 A 字是一种耻辱。

海丝特的丈夫齐林沃斯消失两年后奇迹般地出现了，他是个聪明绝顶的男人，但同时也是一个手段极其残忍的人。他被仇恨蒙蔽了心灵，为了维护自己的尊严而不惜一切代价，复仇成为了他生活的支柱。他发现丁梅斯戴尔牧师就是那个男人，他认为自己能够通过医术治愈人们的肉体，也就能够通过精神杀戮对方的灵魂。他通过宗教教义的影响，让牧师每时每刻都备受内疚的煎熬，以及来自信仰的谴责。然而最终他也是失败的，牧师最终站在绞刑台上勇敢地忏悔，从容病死。作为他的精神俘虏，牧师终于逃脱并获得解放了。然而齐林沃斯因此失去了精神支柱，失去了活着的意义，也死了。

海丝特通过自己的努力和德行，让红字拥有了新的含义，成为天使和能力的象征，甚至成为一种"时尚"。勇敢、勤奋、爱护他人、信守承诺，她几乎拥有了人间一切美好的品质，这也是霍桑将女权主义理想集中在她身上的体现。顺着生活本来的节奏向前，既是海丝特的人生态度，也是如今多数女性的生活态度。无论是来自教会的迫害，还是来自其他保守女性的忌恨，都没有改变她积极的生活态度。她保住了孩子的抚养权，并且过得很好，当珠儿长大到 7 岁时，这个穿着大红色天鹅绒裙子像精灵一样蹦蹦跳跳的小女孩就像是一个鲜活的红字在向教会抗议。小说中写到，"如果某个人非常出众，同时又不损害任何人的利益，便会最终赢得大众的尊重。人性中值得肯定的是爱比恨容易，除非私心膨胀盛行。在她被定罪隔离屈辱的那些日子里，深得当地人好感。海丝特常常接济他人，不记仇，做公益抵御瘟疫流行。她照顾那些苦难中的女性，有同理心，胸前绣着的红字散发着它的光芒，带来了温馨和安慰。"她赋予红字新的含义："能干、尊敬、天使"。人们不再把它当作罪过的标志，反而视作善行象征。

　　牧师内心受到的自我惩罚更加严重，他背叛了信仰，对海丝特和孩子充满了内疚。因此，小说中关于牧师的心理描写，成为小说的一大亮点，有大段抒情的文字，带有浓郁的宗教色彩，以至于信徒之外的读者难以完全理解。这些内心独白，像诗歌一样飘逸，像梦魇一样模糊，以致于人们很难准确把握它的意思，只能体会牧师内心的苦闷和纠结。实际上，牧师的困境，也是现代人常遇到的，介入他人的婚姻，是一种罪恶，还是一种对于爱情的执着？是对于社会规则的背叛，还是忠于自己的内心表现？作者毫无疑问把正直的天平倾向了热情的牧师，但现实并不同于小说，道德和价值判断并非黑白分明，留给当事人的思考，很难逾越内心的困惑。

　　小说具有鲜明的理想主义和哥特文学特征，美好、善良、宽容和阴冷、黑暗、压抑交织在一起，既有故事的复杂性，又具鲜明的导向性。红字 A 作为一个象征符号，贯穿于故事始终，从罪恶的象征逐渐转变为理想主义的特征。和海丝特的理想主义形象相对应，她的丈夫齐林沃斯医生由于内心的仇恨，面容显得更加苍老和丑恶。他认为一切都是对方的错误，不是吗？自己有婚姻，有社会地位，为什么在遭遇不幸后还要遭遇背叛？为什么要承受耻辱？他决定复仇，原来的那种聪慧好学、平和安详的品质已经荡然无存，取而代之的是阴险狡诈。

故事中人物的对话和独白魔幻飘逸，反映了人的社会属性与自然属性之间的激烈冲突。齐林沃斯便是陈旧社会属性的坚定维护者，海丝特是自由和女权的代表，也代表了作者的理想，而丁梅斯戴尔则夹在当中成为被撕裂的牺牲品。现实生活中的女性，不难从霍桑的文字中得到启示。然而，要实践它并不容易，它留给我们更多的是思考，而不是答案。

简·奥斯汀：财产、婚姻、爱情

　　我把简·奥斯汀称作"贵族婚恋小说家"，她的小说其实都可以用"遗产与爱情"来概述，故事的开头往往是这样的："有钱的单身汉总要娶位太太，这是一条举世公认的真理。"而故事结局都是皆大欢喜式的，女主人公既获得了有尊严的爱情，又无需为钱而发愁，过上了幸福的生活。她最有名的几本小说分别叫《傲慢与偏见》《理智与情感》《爱玛》，创作于十八十九世纪之交，但她讲述的故事和年代关系不大，往前推进 100 年似乎也能成立。

　　《理智与情感》和《傲慢与偏见》有许多相似的细节，说是姐妹篇再合适不过。

　　首先，小说里都有相同的一些基本要素，贵族、庄园、舞会、遗产与继承、情感与婚姻等，矛盾冲突发生地都是在伦敦。也许在大都市安排小说人物聚集，更适合情节的快速发展，也有利于安排故事的各种转折点，总之，伦敦是一个充满悲伤和罪恶的城市，女主角总是在那里确认她们失恋，而浪荡公子们总是选择这里作为他们的藏身之所。

其次，小说都是讲述一对姐妹的恋爱故事，她们都有一位令人讨厌的表兄，总要求女士们让他成为"世上最幸福的人"，这位表兄是故事中极好的配角，他反衬出姑娘们的聪明可爱，以及绅士们的品德高尚，同时又作为故事的粘合剂，起了极好的"起承转合"作用。

再次，小说中的人物几乎都不需要工作，至少没有描述过他们的工作，因此，"遗产"就成为小说中的一个核心词汇，这样才能实现"不劳而获"的生活。

不管是《理智与情感》还是《傲慢与偏见》，本质上都是"遗产与爱情"的故事，这是"贵族小说"的典型特征，而不单单是简·奥斯汀的爱好。我相信，辛勤的劳动者们对于这样的安排，一定会有很多不同的看法，就好比几十年前的"劳动群众"对于《红楼梦》的批判一样，大家对于这些小说的不同态度，体现了人群之间的隔阂。

简·奥斯汀的小说几乎没有提到时代背景——英国工业革命。当时的科技和经济发展得都很快，按说应该有很多的商业机会可以改变人们的命运，可能是传统的英国贵族和乡绅阶层并看不上这些"暴发户"式的机会，不愿意从事实业，从事艰苦的劳动，他们更向往田园牧歌式的传统生活，希望自己的精力集中于音乐、文学等上流社会的生活方式。我们在简·奥斯汀的作品当中看不到对于工作和劳动的描写，也几乎看不到对于工业革命和社会革命的描写，因此她的思想总体上是非常保守的。

人们对于简·奥斯汀作品的评价也分化得很厉害，底层人士，或者代表底层人士、代表革命因素的作家们，都觉得她的视角过于狭隘，比如《简·爱》的作者夏洛蒂·勃朗特、美国作家马克·吐温都不太看得上她的作品。马克·吐温曾说过："没有简·奥斯汀作品的图书馆便是好图书馆"。相反，出生于贵族之家的读者们却对她赞赏有加，甚至把她和莎士比亚相提并论。2013 年，《傲慢与偏见》出版 200 周年之际，英国皇家邮政为此发行邮票纪念，英国中央银行则将简·奥斯汀的头像印制在 10 英镑纸币上，以此向她致敬。这再次充分说明，不同阶层的人们，在文学品味上还是存在巨大差异的。

尽管简·奥斯汀是为贵族写作，但她仍然不愧是优秀的女性作家，小说的情节跌宕起伏，线索明晰，场景生动，人物众多，心理描写丰富，非常适合如今拍成影视剧展现出来，是传统意义上的好小说。如果说女人是天生的小说家，简·奥斯汀则是其中的佼佼者。

通过简·奥斯汀的小说还可以总结出以下两个观点：

第一，初次印象并不可靠，而且，有时恋人之间的激烈争吵不完全是坏事，它可以更清楚地了解对方和自己。《傲慢与偏见》当中达西对伊丽莎白的求婚导致了争吵，给这对恋人带来的好处就是让双方都认识到了自己的缺点所在：一个因为地位高而对他人傲慢，一个因为自卑而对有钱人持有偏见。人们通过矛盾的激烈冲突来了解对方，也通过化解矛盾来成就相互关系，不管怎样，最终走到一起来的恋人们都发现对方不是最初印象中的那个人。《傲慢与偏见》原名就叫《最初的印象》。

还有那个英俊潇洒的青年军官威克汉姆，最初很受大家欢迎，连伊丽莎白也逐渐喜欢上了他，威克汉姆告诉伊丽莎白，他父亲生前是达西家的总管，达西的父亲是自己的教父，曾在遗嘱中答应留给他一笔钱，以及一个牧师的职位，然而达西继承遗产后却没有兑现。伊丽莎白从此对达西更加反感了，但她的姐姐简却不这么看，她认为考虑问题要留有余地，事情可能另有隐情，她习惯于将人都往好里面想，将一切无法解释的事情全部归结为意外与误会。故事发展到后面，大家果然发现威克汉姆实际上是个满嘴谎言的赌徒，一个花花公子，他骗走了她们的妹妹莉迪亚，并以此为要挟想获得好处。最终是大度的达西出手解决了这个难题。

伊丽莎白和姐姐简有惊无险地经历了这一切，最终获得圆满结局，很好地呼应了傲慢与偏见这个标题。

第二，关于财产、爱情和婚姻的通用原则。

简·奥斯汀的小说试图表达一个古今中外通用的主题，那就是歌颂伟大的爱情。她想表达，贵族也会爱上穷牧师的女儿，只要她足够优秀，足够有精神内涵，但小说每一个细节都提到了财产和爱情、婚姻的关系。她想理顺三者之间的关系，让它们不至于对立，也不至于被肤浅地解释。她的这种艺术化表达显然得到了英国贵族和王室的认可，所以才将她的头像印在纸币和邮票上。

不同阶层的男女总有某个瞬间、某个时段不需要考虑财产、社会地位，甚至容貌等外在因素，像生活在伊甸园里的亚当、夏娃一样拥有爱情。卡西莫多也爱上过艾丝美腊达，从这个角度看，焦大也可能会在某个瞬间爱上林妹妹。然而，闪电就是闪电，它很短暂，卡西莫多最终殉情于已死去的艾丝美腊达。现实中，爱情总归与各种社会要素联系在一起：财富、阶级、文化等。婚姻更是。

简·奥斯汀并没有关注人们创造财富的能力，财产在她的小说里几乎等同于遗产。如果说简·奥斯汀小说中的爱情、婚姻像是一个迷宫游戏的话，遗产就是迷宫中复杂交错的墙，为这个游戏带来了难度和乐趣。婚姻三要素当中，简·奥斯汀的小说中唯一没有正面描写的是未成年子女抚养，只在女主角与父母关系的描写中用回忆的形式一笔带过。

所有成功的小说都让人觉得其中的故事像是真实发生过的。然而现实却充满了讽刺，有的婚恋小说家竟然没有婚姻经历，简·奥斯汀只活了42岁，也从来没有结过婚，但她笔下的女主角却总是能实现美满婚姻。这并不意味着她对婚恋不能有很好的看法。实际上，是简·奥斯汀选择男人的眼光太高了。在她家遭遇经济困难的时候，有位将继承大笔财产的乡绅向她求婚，却被她拒绝了，这和她小说中的情节是类似的。她真正看上的，是一位才华横溢的爱尔兰年轻律师，可双方家庭都太穷了，都想让他们找个有钱人，于是竭尽全力阻止他们的结合，而他们俩也理性有余，激情不足，终于分手，和简·奥斯汀小说中的情节、精神完全不同。据说这位年轻律师后来成为了爱尔兰最高法院的首席大法官，当然简·奥斯汀的成就也不弱于他，成了"世界级的"大作家。

勃朗特三姐妹：虚幻的情感与现实的才华

从小语文老师就告诉我们，做人要诚实，写作要有真情实感，才能作好文章，瞎编万万不行。幸好我是不太听老师话的人，否则我就要被大作家们给气死了，因为他们的故事几乎全是"瞎编的"。简·奥斯汀终生未婚，只活了42岁，但她笔下的女主角却总是能实现美满婚姻，还有勃朗特三姐妹，一场恋爱没谈过，却把故事写得惊天地、泣鬼神，其中的艾米莉，还提前了两个世纪，写出了后现代主义才有的"虐恋"小说。这，摧毁了我对于文学的所有印象。

现在的英格兰北部，布拉德福德以西22公里处的哈沃斯(Haworth)，还存有呼啸山庄的原型城堡以及勃朗特三姐妹的故居博物馆，每年有上百万游客前往参观。据说那是一个荒原，长满了石楠花。

她们的母亲去世得很早，父亲帕特里克·勃朗特是一个牧师，毕业于剑桥大学，学识渊博，但是收入很少。为了养活五个女儿和一个儿子，他把孩子们送往了教会学校读书，可那时生活条件非常恶劣，疾病流行，两个大女儿先后染病死去。《简·爱》里面海伦·彭斯的原型就是她们这两个姐姐。如果她们这两个女儿也能够长大的话，那么世界文学史上也许会出现"勃朗特五姐妹"的奇观。此后，孩子们得以回到家里一起自学。《简·爱》里也有一段简偶然间找到表兄妹，然后在一起生活的温馨场景，也是来源于她们真实的家庭生活。

哈沃斯在英格兰来说是北方，寒冷而又荒凉，人口稀少，到处是山岗、树林、旷野和开满石楠花的沼泽地，冬天的风呼啸而过，这样单调的环境中，勃朗特一家选择用文学来驱赶寂寞和孤独。她们从少年时就开始创作小说和诗歌，并编写诗刊，自娱自乐，唯一的男孩勃兰威尔才华横溢，三朵金花陪伴着他成长。

孩子们长大后，为了生活，各自去贵族家当家庭教师。但家庭教师却是一个很卑微的职业，就和小说中描写的一样，虽然她们拥有知识、外语和钢琴等技能，但待遇和佣人差不多，这使她们经常感到屈辱。而且，性格孤僻的她们经常会与主人之间发生矛盾冲突。其中，唯一的男孩勃兰威尔和女主人之间发生了不伦之恋——个比他大 17 岁的女性。事情暴露之后，他被解雇了，这导致他身败名裂，并且回到家后，染上了酗酒的恶行，文学创作也耽搁下了。

倍受歧视的家庭教师经历让勃朗特姐妹开始自立自强起来。

父亲留给她们的，似乎只有知识和智慧这一张好牌，除此之外，一无所有。家庭教师的经历却为勃朗特姐妹提供了极好的写作素材，她们在艰苦的家务劳动中，利用所有的余暇进行写作。甚至为了随时记下写作素材，在厨房里干活时，也随身带着纸和笔，一有灵感，就立即写下来，然后继续干活。

1836年，夏洛蒂把自己的诗寄给了当时的著名诗人骚塞，但骚塞却不看好这些诗歌，认为夏洛蒂没有文学天赋，而写作不应当是女性该做的事情。当然，他没有想到，后来夏洛蒂会因为《简·爱》而轰动于世，比他的名气还要大。

勃朗特姐妹也打算艰苦创业，从事教育行业，为此她们还去比利时进修了法语。她们办了一所学校，但是一个学生也没有招到，反而招来了当地的税务官向她们征税。在《简·爱》里面，也有办乡村小学这个段落，这充分说明，无论古今中外，乡村基础教育都是一个问题。

于是她们还是坚持走写作的道路，她们自费合出一本诗集，尽管诗写得很美，却没有得到市场的认可，只卖出去两本而已。尽管这样，诗集的滞销还是没有能够打击她们创作的热情。她们转换了方向，开始"编写"起小说来了，这是一场持续了一年的写作竞赛，夏洛蒂写了一本《教师》，艾米莉完成了《呼啸山庄》，而安妮·勃朗特则交出了《艾格妮斯·格雷》。书稿出来了之后，她们总结了之前的教训，认为当时的文学出版界是不太容易认可女作者的，于是三个人都采用了男性化名向出版商投稿，这个方法很有效，《呼啸山庄》和《艾格妮斯·格雷》被出版商接受了，只有《教师》被退回。这对于两个妹妹是巨大鼓舞，对于姐姐夏洛蒂却是一个打击，但要强的她立即开始创作下一本家庭教师题材的作品，那就是《简·爱》，并且很快交稿了。神奇的是，出版社对《简·爱》却大家赞赏，反而让它排在另外两本书之前出版。1847年，三本小说先后问世，《简·爱》的销售获得了巨大成功，夏洛蒂一举成名，而另外两本书销售情况却不好，当时的人们，似乎理解不了《呼啸山庄》里那种极致偏激的情感。

1848年9月，勃朗特家的希望，唯一的儿子，才华横溢的勃兰威尔因吸毒、酗酒而去世。艾米莉与他的关系非常好，在葬礼上伤心不已，不幸染上了肺结核，而她和她笔下的人物一样偏执顽固，拒绝任何治疗，三个月后追随勃兰威尔而去，这时她才刚刚30岁出头。艾米莉没有任何恋爱经历，是什么样的想象力让她能写出《呼啸山庄》这样的故事来呢？100年后人们一直在探究这个问题。她的姐姐夏洛蒂评价她："比男人还要刚强，比小孩还要单纯"，她具有男性气质，热情而忧郁，有趣而孤独，性格里充满了矛盾。从现在的角度看来，艾米莉的《呼啸山庄》比《简·爱》更具文艺气质。她那只销售了两本的诗集后来也得到世人的认可，被认为具有非凡的热情，强烈的情感，忧伤与大胆，和《呼啸山庄》具有一贯的气质，是"拜伦之后，无人能与之媲美的"。

艾米莉生活的圈子很小，她的很多情感想象，极有可能取材于她的兄弟勃兰威尔，《呼啸山庄》里希斯克利夫的人物形象，应该有一部分是来自于他，而凯瑟琳的性格，则颇有几分她自己的影子。当然，一切都是猜测。

刚才说到《呼啸山庄》诞生后，其中的思想内涵和极致的情感，对于当时来说太超前了，并不为人们所认可。后来，人们逐渐懂得了如何欣赏现代主义的艺术作品，才重新发现了它的价值。艾米莉的《呼啸山庄》直追她姐姐夏洛蒂的《简·爱》，成为英国文学史上一部"最奇特的小说"。如果说《简·爱》可以看作一本"女权主义"小说的话，那么《呼啸山庄》就是关于最极致的爱恨情仇的代表作，并且具有"现代主义"的因素。由于它的矛盾冲突非常剧烈，故事场景与人物对话很适合舞台演出，不断地被排演成话剧和音乐剧，并且从20世纪30年代起，被十几次翻拍成电影。

那时的医疗水平很低，人们的寿命都不长，肺结核、伤寒，或是其他的传染病，往往都是致命的。艾米莉去世后半年，安妮也因病去世了。夏洛蒂要幸运一点，小说出版后第八年，她似乎名利双收，也等来了自己的幸福，她与父亲的助理牧师结婚并怀孕了，但几个月后，却感染上了和妹妹们一样的伤寒而去世。勃朗特一家只剩下了她们的老父亲，伴随着无限的忧伤，孤独终老。

勃朗特三姐妹的人生拿到手的也是一把烂牌，在那个时代，女性没有嫁妆，是很难把自己嫁给贵族之家的。许多贵族的财富主要靠继承，而娶一个牧师的孩子，只会让他们的财产存在被稀释的可能。从勃朗特三姐妹，到简·奥斯汀，或者是其他同时期欧洲大陆作家的作品，都体现了这种阶层的固化。出生牧师之家的他们，显然也不会嫁给没有知识文化的当地农民。而勃朗特一家人的性格又都非常倔强和孤僻，这使得她们可以打出唯一的一张牌，便是"才华"。

应该说，勃朗特三姐妹经过艰苦卓绝的努力，甚至付出了生命的代价，虽然没有获得现实的幸福婚姻和物质生活，但还是实现了"人生杰出"的目标，这与她们体现在小说中的追求是相一致的。

《安娜·卡列尼娜》《包法利夫人》：死无葬身之地的爱情

　　《安娜·卡列尼娜》是列夫·托尔斯泰的代表作，也是俄国文学的代表作。托尔斯泰的系列作品如《战争与和平》《安娜·卡列尼娜》都诞生于 19 世纪六七十年代，对紧随其后发生的两次俄国革命有着重要影响，因此也深刻地影响了俄罗斯和苏联文学 100 年。

　　小说的开始就有一句名言，但这句名言不可能是托尔斯泰的首创，而只是通过他的作品为更多的人所认可，这句话就是"幸福的家庭都是相似的，不幸的家庭各有各的不幸。"我小时候就听几个不同的老太太说过类似的话，她们根本不可能读过托尔斯泰的作品，而且我也坚信，几乎所有的人，经历了生活的磨练之后，都能总结出类似的观点。

　　安娜是在劝解一场婚外恋的过程中自己也走进婚外恋的。这样的情节非常讽刺，说明任何踏入婚姻的人想要"独善其身"

都是很难的，想要"兼济天下"更加不容易，这也解释了为什么有人懂得了世间所有的道理，仍然过不好这一生。我之前写文章分析过其中的原因，婚姻本来就不是一项顺着人性来设计的制度，而是为了解决社会问题形成的，之所以要赋予婚姻"神圣""崇高"的地位，那只不过是为了维护这个制度的需要而已。换句话说，如果一夫多妻制或者一妻多夫制是符合需要的，那么大多数人便会说，一对多是神圣的，而一夫一妻制是可耻的。因此，安娜的故事给我们的**第一个启示：要认清婚姻的本质，婚姻不等同于爱情的庇护所，不可能满足女性朋友们对于爱情的所有想象。**

第二个启示：没有什么是永恒的，爱情和激情总会消退，持续数十年的爱情也许会变成亲情，但这可能是最不坏的一种结局了。安娜和卡列宁的贵族婚姻看起来很闪亮，有崇高的社会地位，富足的生活，关心自己的丈夫，热爱自己的孩子，一切看起来都那么完美。然而安娜觉得他们的爱情已经死了，面对沃伦斯基猛烈的追求，她内心的热情被点燃了。不曾想到这只是一个新轮回的开始，他们面对种种困难，一段时间后，新的激情也被磨灭了，猜忌、争吵，生活中一切需要考虑的问题，都再次被提到眼前，她与沃伦斯基之间的问题，并不比与卡列宁之间的问题更少。也就是说，她与卡列宁的婚姻是爱情的坟墓，但她与沃伦斯基之间的爱情，失去了社会认可和经济保障，却"死无葬身之地"。相对来说，爱情的坟墓还算是一个不坏的选择。

第三个启示：美艳的外貌能够带来爱情，却不是幸福的保证。漂亮而优雅的安娜不只是吸引了沃伦斯基，而是吸引了几乎所有的男人，沃伦斯基不过是其中最勇敢的一个。可是这种爱慕和追求是盲目和毫无计划的，完全不知道要往什么方向走，激情像一只无头苍蝇，带领着沃伦斯基和安娜乱飞乱撞，最终很快毙命于美丽的玻璃墙下。漂亮女性的烦恼在于追求者太多，让自己想不清今后的路要怎么走，于是顺从激情，接受最勇敢或者最帅的那一个，这往往是一个巨大的陷阱。在这方面，林徽因就做得非常好，面对最勇敢的追求者徐志摩，并没有迷失，而是清醒地意识到，徐志摩爱上的只是一个想象中的林徽因，而不是真正的自己，诗歌和爱情不能陪伴一生，她选择了梁思成，选择了古建筑，使得自己的爱情和才华有了栖身之所。美貌带来爱情，而才华和理智才是幸福的保证。安娜在美貌和优雅之外，却迷失了其他的一切，在激情的摆弄之下，越勇敢，便越走向毁灭。

《包法利夫人》是另外一个从优雅走向毁灭的女性故事。这个故事已被无数人解读过，甚至有人认为，这本小说应该作为新婚必读发给每一对新人，以便警示所有即将走进婚姻生活的人们。它留给大家的启示太典型了：

第一是关于匹配。婚姻的匹配，教育的匹配，性格的匹配非常重要。在 19 世纪中叶的法国乡村，社会阶层的流动性不大，出生于普通人家的女性，如果没有足够的嫁妆，想要嫁入豪门的可能性不大。爱玛出生于富裕农民之家，却在修道院接受贵族式全职太太教育：钢琴、舞蹈、绘画、文学等，唯独没有谋生技巧，这是在培养未来的全职太太。爱玛心气很高，希望能过上小说中描写的浪漫而富足生活。然而，他的父亲为了节约嫁妆，图省事，把她嫁给了一个没有天分，而且老实巴交、安于现状的乡村医生。一桩看起来门当户对的婚姻，由于在性格、情趣、才艺上的差距，也就变得不匹配起来。所以人们常说，心气高的女性最好选择各方面条件比自己好一些的配偶。

第二，爱玛的悲剧原因不仅仅是"爱慕虚荣"这么简单。故事中提到，包法利医生的老师给爱玛做过诊断，她患有"精神病"，有可能是现代人所说的狂躁症。虽然这只是作者创造出的人物形象，但我们相信，文学来源于生活，从"购物狂"的表现来看，从她对待自己丈夫的激烈态度来看，已经超出了常规的范畴，医生的诊断不是没有根据的。

第三，这个故事清楚地提示了婚恋中的几个坑。从包法利夫人的角度来看，她踩到的几个坑分别是："妈宝男""潜力股""遇贵人""甜言蜜语""高利贷""全职太太"。只有一个有待商榷，那就是"全职太太"，她在家中无事可做，导致了抑郁和出轨的发生。但是，那个年代的女性普遍都是全职太太，所以这个坑还不能算。不过，前几个坑已经够她受的了。

从包法利先生的角度来看，他也踩到了几个坑。第一个是"傍富婆"，指的是他的前妻。第二个是"漂亮老婆"，对于一个木讷的男人来说，娶个漂亮老婆八成会伴随着绿帽子，是个巨大的坑，这个规律古今中外通用，例如武大郎娶了潘金莲。第三个坑是"择业错误"，从医固然是个好职业，但并不是人人都适合做医生。从一开始，包法利先生就没有从医的天赋，他第一次考执照没有成功，但作为"妈宝男"的他没有什么主见，只好听母亲的话继续坚持，之后又不够努力，悟性也不高，导致一次足部矫正手术失败，病人被截肢，声誉不佳。

最后一个启示，就是包法利夫妇双方的父母，对待孩子未来的态度都过于随意，通俗地说，就是"心太大"。

包法利先生的父母，给自己孩子选择了一个"看上去很美"的职业，却不管适不适合；然后又在他的婚姻上太随意，让他娶了一个45岁的假富婆。有什么样的父母就会有什么样的孩子，包法利先生没有积累足够的生活智慧，遇到美丽的爱玛之后，由于和前妻反差太大，立即为之倾倒，于是第二次婚姻又娶了个不合适的女人。

爱玛的母亲早早去世，做父亲的粗枝大叶，认为女儿是个负担，全然不顾自己女儿受过多年的贵族教育，只是因为对方不看重嫁妆，医生的职业看起来很有前途，就把女儿嫁过去了。贵族和平民之间的差异，其中之一就体现在生活智慧上，平民要翻身，谈何容易。

《茶花女》《羊脂球》：选错人，上错车

文学名著当中有很多风尘女子的故事。《茶花女》和《羊脂球》都发生在法国。《茶花女》是小仲马根据自己的真实经历改编的，事情发生于 19 世纪 40 年代，同期的中国刚好处于鸦片战争时期；而莫泊桑的《羊脂球》讲的是 1870 年普法战争中的一个小故事。《茶花女》通过风尘女子表达了对世俗的讽刺，情感上更加丰富，而《羊脂球》多了几分家国情怀，在剖析人性上更加尖锐，更戏剧化。两本小说都非常适合改编成戏剧演出。

茶花女玛格丽特有一个可对标的人物，那就是比她更早 250 年，大明朝北京城里的花魁杜十娘。和所有描写风尘女子的名著一样，女主角一定要从良才会显得道德高尚，有追求。玛格丽特的恋人是大学刚毕业的青年阿尔芒，出身于中产阶级家庭。就像杜十娘见到李甲一样，玛格丽特遇见这位优秀而专注的青年后，也想从良，但同样不被阿尔芒的父亲所接受，阿尔芒的

父亲成功地说服了玛格丽特离开阿尔芒，理由是她会影响阿尔芒的前途甚至他妹妹的婚姻。不知实情的阿尔芒以为遭到了玛格丽特的抛弃，于是开始报复她，最终，茶花女玛格丽特在疾病、贫困、情感的多重折磨下死去。

我们可以发现，从杜十娘到茶花女，从东方到西方，年代变了，社会制度变了，宗教信仰也变了，但是却改变不了故事的结局。这说明，有一种力量比前面这些因素都要强大，这是什么样的魔力呢？我思考了很久。

玛格丽特生活在巴黎，法国大革命的故乡，1830年，法国画家欧仁·德拉克罗瓦为了纪念1830年7月27日巴黎市民为推翻波旁王朝的一次起义，创作了伟大的油画作品《自由引导人民》，就是说它发生在《茶花女》故事之前。经历数次大革命洗涤的法国，是世界上最自由的地方，玛格丽特比杜十娘自由很多，她不属于任何人，也不需要为自己赎身。我们可以看到，书中阿尔芒的父亲迪瓦尔先生虽然也棒打鸳鸯，但他还是需要主动去和玛格丽特对话的，这点和《杜十娘怒沉百宝箱》不一样，作为官员的李甲的父亲居高临下，根本不屑于面对杜十娘，他只需要怒斥自己的儿子，便达到了效果。

似乎没有任何力量可以强迫玛格丽特去做别人的情妇，但玛格丽特还是走上了杜十娘一样的道路。对于这么一个体弱多病而又美貌无比的女子来说，巴黎存在着足够多的诱惑，围绕在她身边的，都是有钱有闲的公爵、伯爵，即便是女性，也都是些贵妇和情妇群体，除了这个职业，适合她的角色还真不太有。只要这个社会里，人与人之间存在金钱和地位上的巨大差距，情色交易就一直会持续下去，无论是在古代还是现代，在中国还是法国。杜十娘和茶花女，她们争取的，实际上是和普通人一样结婚的权力，获得稳定的爱情和家庭生活的权力。和当时普通女人通过婚姻获取"长期饭票"不同，她们并不缺钱，缺的是社会认可，这就是人们为之感叹唏嘘的原因。

茶花女和杜十娘还有一个共同缺点在于没有选择正确的爱人。由于男主角不够强大，没有坚定的意志和经济基础，无法将她们带出泥坑。阿尔芒和李甲都过于年轻，又很神经质，在经济实力和精神毅力上都不够。说到这里，我要举出一个正面的例子来对比，那就是明清交替之际，排在"秦淮八艳"之首的柳如是。最初她和"云间三子"之首的陈子龙在一起，但陈子龙已娶亲，入陈家顶多是个妾，何况陈子龙士大夫情结很重，宁可舍身取义，也不愿意违背儒家传统，将她娶回家门的可能性很小。而她后来认识的钱谦益则不同了，作为文坛盟主，社会地位极高，经历了数次政坛沉浮，早已把声名置身度外，敢于冒天下之大不韪，以正房大礼迎娶柳如是。正是这次正确选择，让柳如是在此后的 25 年里一直受到人们的尊敬，并参与反清复明事业，成就了巾帼英雄和女诗人的美名。而茶花女和杜十娘都是反面的典型，她们选择的都是懦弱的男人，从而导致了最终的悲剧。

"羊脂球"也是一个法国妓女的别称，那是因为她胖，但是气色、肤色都很好，光润紧绷，让人觉得她只是丰满，而不是胖。她的脸色尤其好，像一个红苹果，大大的黑眼睛，浓密的长睫毛，长着性感的嘴唇，如玉般细小整齐的牙齿，简直是个丰满的成年版芭比娃娃。

　　故事发生在普法战争时期，1870年，普鲁士军队占领了法国西北部的重要城市鲁昂，许多市民想离开，有一天，包括羊脂球在内的10个人同乘一辆马车从鲁昂启程，他们的目的地是仍属于法军控制下的海港城市勒阿弗尔。本来他们沿着塞纳河向东顺流而下即可抵达，可现在是冬天，天寒地冻，又是战时，那就必须绕道。他们计划先乘车赶到正北方的迪耶普，然后从那边坐船，从海上绕道去塞纳河入海处的勒阿弗尔。

　　其余的9人，分别是一对贵族夫妇，一对议员夫妇，一对商人夫妇，两个修女，还有一个流亡的假革命者戈尔弩兑。三位有身份的绅士瞧不上这个假共和派人士，而三位贵妇人则对羊脂球嗤之以鼻。

　　风雪天路不好走，大家已经一天一夜没有吃东西了，其中商人的太太甚至饿晕过去。羊脂球将自己带来的食物热情地分给大家，刚开始有人很鄙视、抗拒，并不愿意接受妓女的食物，但后面饿得实在撑不住了，只好一起大快朵颐起来。吃饱喝足后，车厢内的气氛活跃起来，大家开始接受了羊脂球。

　　到达一个小镇的客栈时，他们被检查的普鲁士军官扣留了下来，他委婉地表达了这么个意思，除非羊脂球陪他过夜，否则他们都不能走，但被羊脂球坚定拒绝，她不想屈服于侵略者。刚开始大家还义愤填膺，对羊脂球表示支持，可是两三天后，他们便将怨气撒在了她身上，开始想尽办法劝说羊脂球从了这个军官。最终，他们通过修女从宗教的角度说教："上帝只看重目的，而不在乎过程。一种本身应当被谴责的行为，往往因为当初的念头好而变得值得称颂了。"这些话，终于在羊脂球的心里起了一些作用，一点一点地打开了缺口。

普鲁士军官终于如愿以偿，10名乘客得到许可离开客栈。这次其他人都准备了食物，而羊脂球匆忙间什么也没带，但在车上，谁也没有分给她食物，也没有人愿意和她说话，似乎她比刚启程时还要低贱。

故事讲完了。显然，在这个世界上，出卖灵魂的人，一直看不起出卖肉体的人，这个传统延续了几千年，古今中外，莫不如此。所以这个故事引起了全世界的共鸣。几乎所有人都愤愤然，责骂故事里的那些配角，但转身后继续在自己的世界里出卖灵魂。

另外，我们引申一下，在出卖劳动力、出卖脑力的人群当中，也就是在职场中的人们，同样普遍存在着这种冷漠。比如说同一个部门内，大家都认为某个主管为人非常过分，私下一起闲聊、聚餐时，人人都控诉他的各种劣迹，恨得牙痒痒，并且互相鼓励、互相打气要和他斗一斗。可是，当主管宣布必须从大家中间挑出一个人来淘汰掉的时候，这个联盟立即瓦解了，人人自危，看谁都不顺眼，巴不得淘汰的是对方，甚至狠狠地踩上一脚。公布淘汰名单之后，剩下的人都会欢呼雀跃，庆幸不是自己，而全然不记得曾经达成的联盟。只有被淘汰的那一个，像羊脂球一样黯然神伤。

我们不要以为这种人性之恶，只存在于小说当中，实际上，它无处不在，既潜伏在我们每一个人身边，也存在于我们每一个人心中。人性本无善恶，只有本能，但如今的环境中，只能设定人性是本恶的，然后人们不断地建立制度，不断地修炼自身，才能让自己走向善的一面。

虽然现今的环境，《羊脂球》和《茶花女》的故事也许不再多见，但还有一个对于女性朋友的启示是：尽量避开危险的环境。有个朋友告诉我，她们上大学时曾经在宿舍里展开过一场讨论，就是在车上遇到歹徒要不要见义勇为，同学们各抒己见，就各种选择的后果激烈辩论，只有一个人没有说话，于是大家就问她，你什么态度呢？这个女孩说："我妈妈会告诉我，不要上那辆车"。大家听了之后，全部都安静了下来。虽然，不是所有的坏事都能避开，但在无法改变环境，无法改变他人的情况下，尽量躲避不良的小环境、不好的人，也许是女性朋友们唯一的选择。

《德伯家的苔丝》：顺应大时代，超越小时代

十多年后重读哈代的《苔丝》，当我归纳出一些要点后，上网一搜，竟然发现如此多观点相同的读后感文章。这类文章的作者主要是女性，比较着重细节，着重人物情感、命运安排，叙事能力很强。多数观点都已经有了充分的讨论，要总结出新的论点实属难事，我试着从一些细节和女性角度来解读。

《苔丝》讲述了一个悲剧故事：漂亮的英国乡村女孩苔丝被有钱人家的儿子诱骗失贞。后来，她遇到了牧师的儿子安吉尔，颇具绅士气质又很接地气，他们相恋了，但她却很烦恼。新婚之夜她向爱人坦白过去，却不为对方所接受，爱人远走巴西为自己的矛盾心理寻求解脱。倔强的苔丝靠打零工艰难地生活着，但她父亲去世后，为了让母亲和几个弟弟妹妹不至于流离失所和忍饥挨饿，苔丝不得已又成了那人的情妇。待安吉尔有所经历回归之后，她悔恨交加，恍惚中将那罪恶的情夫刺死，从而走向了毁灭，将自己推向了传统道德的祭坛。

这个故事带给我几点感受：

一是关于虚名。

大工业时代到来了，英国乡村的旧秩序逐渐衰弱。小说里，哈代怀旧式地讲述了乡村跳舞会，苔丝和后来的恋人安吉尔第一次偶遇然而终归陌路，为将来的重逢留下伏笔。作者油画一般的笔触描绘了田园风光，非常细腻，又犹如剧本，读者似乎能看到每一丝的细节，甚至闻到泥土和花草的气息了。然而，哈代所怀念的农耕社会和传统家族还是不可避免地走向了支离破碎……

她的父亲偶然间发现自己是没落贵族的后代，对于这个虚荣而懒散的酒鬼来说，这不能成为一项荣誉，而是新的愚蠢行为的开始。德伯维尔这个姓氏从此成了苔丝的魔咒，悲剧的开始，以及故事的调味品。

苔丝的母亲让她去猎苑认亲戚度过难关，就是后来夺取她贞操的阿历克一家。不过阿历克原来姓斯托克，德伯维尔是他父亲成为暴发户后改的姓氏，因此，他们实际上并不是亲戚。无赖就像病毒一样，一旦侵入就再也撇不开。苔丝失贞于阿历克，后来被安吉尔抛弃后，穷困潦倒，阿历克像影子一样尾随着，令她不得已再次委身于他。最后，似乎又是德伯维尔家族遗传的血性，让苔丝爆发了，杀死了这个玷污她的恶棍。对于普通人家的女孩来说，虚名更像是一种魔咒，让她频遭厄运，虽然追求虚名的未必是她自己，也一样深受其害。

事实上，几乎没有人能够抵御虚名，都会被那若有若无的荣誉影响着。即便是最瞧不起等级制度和传统习俗的安吉尔，也打算在婚后公布苔丝的姓氏，告知自己的父母他娶的这位乡村姑娘实际上是贵族的后裔，以提升她的地位。

　　第二是关于贞洁。

　　世界给女性的又一个尚未解除的魔咒。这个故事很容易让人联想到电影《魂断蓝桥》的悲剧：伦敦的芭蕾舞演员玛拉与军官罗伊在滑铁卢桥上一见钟情并订婚，可战争让他们立即分开了，由于信息传递失误，玛拉误以为恋人死于战争，失去工作和生活来源的玛拉堕落风尘。战争结束后，罗伊奇迹般地活着回来了，幸福似乎又回到了他们之间，但玛拉不能接受自己曾经堕落的现实，也不愿给罗伊及其光辉的家族带来耻辱，选择在滑铁卢桥上自杀。影片在中国上映了大受欢迎，热度甚至持续了数十年之久，以至于多数中国人对这个故事都耳熟能详。这充分说明，贞操观念在中国人的心目中有着更加畸形的地位，直到新世纪的到来后才逐渐有了改变。

　　《苔丝》的故事更加复杂，同样首先是女主角接受不了自己的"不贞洁"，虽然不是自己的错，但她在一段时间内始终接受不了安吉尔的求婚，一直想把真相告诉他，却选择了一个最坏的时机——新婚之夜。

　　小说中最能突破传统习俗的人物安吉尔也仍然跨不过这道坎。哈代在小说中提到："这个具有善良意图的先进青年，这个最近的 25 年的样板产品，尽管主观上追求着独立思考，实际上在遭受到意外事故的打击，因而退回到早年的种种教条中去时，仍然是个习俗和传统的奴隶。"安吉尔虽然是个天使的名字，但在这一点上没有能够及时扭转心态，实际上发挥了和阿历克类似的魔鬼作用，亲手将苔丝推向了毁灭深渊，"你根本不了解这种事在社会上的分量"。待他想通的时候，已悔之晚矣，苔丝觉得自己再也回不去了，采用了极端的办法来摆脱现实。

这是一个男权社会的遗留问题，贞操观念在多数人头脑中都打下了烙印。安吉尔在婚前有主动的荒唐行为，甚至在抛弃苔丝后还想立即带一个暗恋他的女工去巴西，却比苔丝被动的失贞更容易被原谅，无论是勤劳、勇敢、善良的苔丝，还是独立之精神、自由之思想的安吉尔，他们的美好品质都不足以消除他们在此事上心理的阴影。有人说苔丝如果在贞洁观念上没那么多执念，她就不至于走向毁灭，然而另一些人就会说，如果那样，苔丝这个形象就没那么可爱了，小说就无法成为经典。可见，这种观念还普遍存在于每个读者头脑中，如果有哪个女孩告诉我，她觉得苔丝的故事太荒唐了，完全理解不了，我倒是愿意相信这种理念从未占据过她的头脑。

显然，一百多年后的今天，情况已经好太多了。但仍然还有部分女性在承受类似的折磨，依旧有部分男性不能够忍受对方的"过去"。人们只有真正面临一项考验时才能了解自己的态度，从这个角度出发，多数女性并不知道如果"不贞洁"

会遇到什么情况。总之，"贞洁"这个词既现实又沉重，既荒唐又丑陋，它是这个世界加在女性头上的一个尚未完全解除的魔咒。

第三，人们爱上的那个人，往往不是真身，而是想象中和真身相近的形象。

安吉尔爱上的苔丝，和现实中的苔丝并不是一回事。他看不上世俗的生活，向往乡村田园生活，放弃了读剑桥大学的机会，去学习农业生产。安吉尔印象中的苔丝就是一个纯洁美丽的乡村姑娘，符合他对于爱人的所有想象，"人世间最诚实、最纯洁的女人""一个世界上最迷人的挤奶姑娘""能跻身于'真实的、可敬的、公正的、清洁的、可爱的、有美名的'人之中"。

同样，苔丝刚开始爱上的安吉尔，也绝非她现实中的安吉尔。"苔丝最初并不把安吉尔当作一个凡人，而只是把他当作智慧的精灵。她把他跟自己作比较，每次发现他洋溢的才华，便不禁自惭形秽，觉得他的智慧无法衡量，高如安第斯山，因而十分沮丧，再也鼓不起勇气作任何进一步努力。"

当苔丝坦白了她的过去之后，安吉尔认为她"已经不是原来那个人了"，"你过去是一个人，现在却成了另外一个人。""我再重复一遍，我爱的那个女人不是你。""那么是谁呢？""是具有你的形象的另一个女人。"按时下流行语来说，就是苔丝的"人设"崩塌了。这和如今影视剧中争吵中的恋人相互指责很类似："我今天才算看清楚，你是这样的人。"

哈代总结到："如果他的兽性更多一点，说不定他的人品反倒会更好一些。我们倒不这样看。但是克莱尔的爱倒的确是空灵得出了问题，幻美得不着边际。对于他这种天性，朝夕相处有时还不如两地暌违那样动人心弦，因为后者可以创造出一个理想的人儿，把实际的人的瑕疵轻轻抹掉。……有一个比喻说得不错：她跟那个能刺激起他欲念的女人已不是同一个人了。"

大家生活中应该都有这种体验，认识一个人之后，会发现他/她与第一印象有较大的不同，因为你后来熟悉对方了。同理，这种变化在两人相恋多时或者结婚后，同样会再次发生变化。实际上，我们永远无法真正了解一个人，就像我们永远无法了解宇宙，无法认知终极真理一样，这是必须要接受的一个现实。恋人之间的相互认识，是无限接近而永远无法抵达的一个彼岸。

最后一点，是关于女性的命运和时代的关系。

偶然间，我发现张爱玲的《半生缘》和哈代的《苔丝》中女主角的命运有诸多相似之处。我花了几天时间比较阅读这两本书，得到的第一个结论是：人逃脱不出自己所处的大时代。

苔丝所处的大时代，是英国的维多利亚时代。这句话很有意思，两个女人，一个主导了整个大时代，另一个在她主导的大时代中风雨飘摇而最终走向毁灭。人们的命运，差距竟然如此巨大！

人们往往会认为历史都是大人物或者说英雄主导的。但英雄和大人物在某种意义上都不是那么光彩，因为耀眼的光芒后面都是深深的黑影。诞生英雄的时代，不能给每一个人以发挥空间，在这样的社会治理结构下，只有大人物能改变国家或世界的命运。所有的资源，都为了大人物所谓的理想和抱负而聚集。所有人，都为大人物的历史功勋让路。而底层民众日复一日，忙忙碌碌，郁郁而终，找不到生命的意义。英雄的大人物挤占了平民的发展空间，因而在客观上看来，并不是那么的光彩。

未来世界，应该是每个人都能充分发挥自己才干和个性的世界。那个年代不需要英雄，不需要一呼百应的领袖，人人都是中心，都是社会生活中的关键链条。

苔丝非常漂亮，然而这天然的优势，给她带来爱情的同时，也给她带来了毁灭。大工业时代的到来，英国乡村的旧秩序逐渐凋零。在那个大时代里，权力和金钱是那么的有用，人人都想占有美好的东西，你若情愿，便是爱情，你若抗拒，便遇强暴和欺凌。年轻漂亮女孩的人生，在不完善的社会治理机构下，就是这样的凶险。

张爱玲小说《半生缘》的故事背景，也是一个旧制度被粉碎，新体系远未能建立起来的时代。那时的上海，几十年前的不列颠工业化浪潮，涌动到了东方，鱼龙混杂，是冒险家的乐园。顾曼桢所面临的大时代场景，恰恰是苔丝的英国乡村生活场景在大上海的投射。历史上的一些情景，总是这么地类似，这些人物的际遇，就仿佛相互为前生今世。

德伯家的苔丝非常倔强，顾曼桢也非常有自己的坚持。她们的价值观都优于同时代的大众女性。在一个堕落的社会体系里，这种坚持，的确是出淤泥而不染，但仅限于没有遇到强风暴雨的时刻。在遭遇严重的生存危机，成为猎物的时候，这种自尊心就显得非常脆弱，那么的不堪一击。

她们所不愿的，所不屑的，极力所要避免的，都宛如遭受魔咒一般，降临在自己的头上。"出淤泥而不染，濯清涟而不妖"的她们，都成为了别人的情妇。性格决定命运，但在不同的大时代里面，是完全不同的，这种不被自身力量所决定的命运，显得那么地风雨飘摇。

面对如此凶险的逃脱不了的大时代，人应该怎样过好自己的一生呢？我思考了很久，得到了第二个结论：战胜小时代，是掌控自己命运的唯一出路。

苔丝所处小时代环境是单调和封闭的，在贫困的乡村里，除了她的容貌，以及所谓的贵族姓氏，她似乎不比村里的其他姑娘有更多特别的地方。她的父母便寄希望于女儿的姓氏和容貌来改变命运。但历史总是一而再，再而三地和人们开玩笑，穷人向富人靠近，想获得某种好处，结局却总是被坑得更惨。

战胜家庭的影响，是每一个向时代挑战的小人物的必修课。家庭其实就是小时代各种要素集聚一身的小综合体。底层人士如果不能超越自己所在家庭的影响，就无法超越自己所处的小时代，无法走向上层，走向掌握自己命运的明天。

苔丝和曼桢，都没有能够战胜自己的家庭，于是那份倔强就"出师未捷身先死"了。既要孝顺，要懂得报恩，又要在遇到诱惑和危险时坚守自己的价值观，仿佛一个士兵穿着全套的铠甲在战场上奔跑，在没有接触到敌人的时候，就已经累死了。因为你不像将军一样，至少还有一匹马帮你承受这些压力。

苔丝和曼桢，都错误地选择了自己的伴侣。她们的爱人，都具有一个显而易见的共同缺点，就是懦弱。

她们都选择了一个无法依靠的肩膀，一个在思想上比她们还要落后的伴侣，虽然拥有美好的外形，善良的品性，甚至还有中产阶级的家庭，然而，这并没有什么用，他们没有足够的勇气把心爱的女人拉出泥潭。这两个男人，都是温室里长大的孩子，没有真实地看到白莲花下的淤泥，只是爱上了他们想象中的完美女性，所以并未接受真实的苔丝和曼桢，至少在一开始时是那样的。这种爱情悲剧，无数次重演，又无数次被写在故事里、电影里。

于是，最末，苔丝说"他们是来抓我的吧？"

于是，最末，曼桢说："我们再也回不去了。"

这两个故事都告诉我们一个残酷的现实：爱情往往和生活不匹配。

女性要超越自己的小时代，首先要纠正自己的爱情观，喜欢上正确的人，而不是停留在最初的原始状态。

倔强是双面刃，勤劳也是。人在坚守和劳作时，往往迷失在其中，忘记了自己的初衷是走向成功和美好，忘记了自省和变通，而只是单纯地认为，我这么做是一定对的。

大多数人，既不会有苔丝和曼桢这样美好的容貌，也不会遭遇如此不幸的命运，会平庸地来到这个世界，平庸地离去，然后"挥一挥衣袖，不带走一片云彩。"看起来倒也安详平和，但这是自己需要的人生吗？或许，你连身边的世界都还没有看清楚呢？

人真的能掌握自己的命运吗？

大时代，指的是当时的社会制度、政治环境、经济发展基础、科学认识程度、宗教环境、文化环境等等，在时间上往往是以世纪、甲子为单位的，跨度大，几乎纵贯人的一生。

小时代，指的是当事人所处的年代、国家、省份、城市、家族、家庭、当时的教育环境等等，在时间上一般是以每个 10 年为单位的，比如人们常说的 70 年代、80 年代、90 年代，等等，一个 10 年或者几个 10 年以内，都是构成小时代的时间基础。

中学的时候，听过一个广播节目介绍贝多芬的音乐。主播很有激情地演绎道：他即将失去听觉，对于一位音乐家来说，这无疑是最为沉重的打击，他曾一度想到了自杀。一个暴雨的夜里，贝多芬躺在床上，辗转反侧，突然，一道闪电划亮了天空，"我要牢牢地扼住命运的咽喉！"他从床上跳了起来，在钢琴上弹奏出了这首《命运》，此时，窗外的风雨交加、闪电雷鸣，全部化作了作者内心的执着和激情……这个故事，未必真实存在，却激励了年轻的我很多年。

贝多芬出身于宫廷音乐世家，从小学习钢琴和大提琴，结交富贵名流名家，选择在维也纳立足，是顺应了古典音乐兴盛的大时代。另外一面，他又战胜了他的小时代给他带来的不利因素：暴戾的父亲、贫困、耳聋。作为古典音乐最重要的代表人物，贝多芬无疑获得了巨大的成功，在历史上留下了自己辉煌瞬间和永恒的声乐遗产，真正地掌握了自己的命运。

对于大多数女性来说，天分和境遇不同，但都应该是有一颗过好自己人生的心。不管努力也罢，放任也罢，总逃脱不出自己所处的大时代。认识到自己所处的时代环境，选择好自己的目标，过好自己的人生，不是一件容易的事。有的人追求卓越，有的人追求平安，但现实总是和你想象得不同，人无远虑，必有近忧。

顺应大时代，超越小时代，是人生走向杰出的唯一道路。

第 **5** 章

满手烂牌，也要过好人生

　　人一定是在成长过程中遇到了实际困难，才会真正清醒地意识到自己的个人条件，以及所处的时代、社会、家庭环境与他人有明显差距。出身不能选择，拿到手的是一把烂牌怎么办？显然，无法重新洗牌再来一次，且看这些女性如何应对……

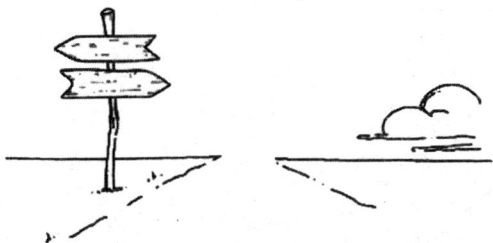

余秀华的"烂牌"

中国曾每年有 100 万左右的出生缺陷患者。最近一些年，随着生活水平的提高，以及人们对健康生活方式的重视，加上生物医学的发展，特别是基因技术的进展，这种出生缺陷率有所降低，相关的孩子也大多住进了专门学校或福利院。于是，公众视野中的残障孩子少了很多。

但在以前，不管是城市、乡镇、村野，看见残疾儿童的概率总是很高，他们常踟躇于街头，被人欺凌或耻笑，艰难地活着。这个世界对于他们来说，也许是多彩的，也许是惨淡的，离开，或留下，都不那么轻松。如今，这些孩子有的已经夭亡了；而另外一些，逃过死神的追索，倔强地成年了，余秀华，就是其中之一。

脑瘫患者、务农的中年妇女、没有接受过高等教育，余秀华拿在手上的，是一把结结实实的"烂牌"，一个残障人士的余生，似乎可以预期。

然而生活像是一根藤蔓，坚持向阳生长的力量是多么强大，以至于没有人知道，哪个分叉上，会开出花来。

2009 年，余秀华开始写诗，为此丈夫常常和她吵架；

2014 年，余秀华博客被《诗刊》编辑刘年发现，并刊发其作品；

2015 年 1 月，余秀华出版诗集《月光落在左手上》（广西师范大学出版社）销量突破 10 万册，成为 20 年来中国销量最大的诗集；当选湖北省钟祥市作家协会副主席；

2015 年 2 月，出版诗集《摇摇晃晃的人间》；

2016 年 5 月，余秀华出版第三本诗集《我们爱过又忘记》；

2016 年 11 月，获得第三届"农民文学奖"特别奖；

2018 年 6 月，出版散文集《无端欢喜》；

2019 年 1 月，出版自传体小说集《且在人间》；

……

这些便是余秀华用"烂牌"打出的成绩：她实现了"逆袭"。她的成名，具有偶然性，至少有很大一部分是因为读者的猎奇心理。但是她的坚持不懈，以及独特人生体验，使得她的诗歌具有被人发现的价值。发现余秀华的《诗刊》编辑刘年认为："她的诗，放在中国女诗人的诗歌中，就像把杀人犯放在一群大家闺秀里一样醒目——别人穿戴整齐、涂着脂粉、喷着香水，白纸黑字，闻不出一点汗味，唯独她烟熏火燎、泥沙俱下，字与字之间，还有明显的血污。"

有些人生体验，余秀华没有感受过，却写得很传神，比如这句"穿过大半个中国去睡你"，这和没有恋爱经历的艾米莉·勃朗特能够写出《呼啸山庄》一样神奇。想象力，在作家的脑海里，是可以替代生活体验的。一种对于美好生活的向往，一种对于自己独特视角的坚持，这是她仅有的能量。

余秀华成名后，有了不错的收入，她终于可以对自己的生活做出一些安排。在以她为主题的纪录片《摇摇晃晃的人间》拍摄期间，面对着镜头，她要求和丈夫离婚。对于她这样的一位诗人来说，现实中的夫妻生活，和诗歌里面的爱情，实在差异太大，那段婚姻，本来也不是她自己的选择。她的丈夫是个上门女婿，一个老实憨厚而又显得"笨拙"的农民，从表面上看来，和余秀华残疾而过早衰老的形象并没有什么不匹配之处。但差异就在于一个认命，而另一个完全不对生活屈服。

婚姻的维持需要遵从内心，而余秀华的内心便是她的诗，这种激烈的诗境就像荒原上的罂粟一样，和周边环境格格不入。和一般的离婚当中丈夫对妻子进行经济补偿不同，余秀华给了丈夫 15 万元，结束了已经持续了 20 年的婚姻。对于她来说，离婚的日子远比结婚的日子更有纪念意义，她说她的婚姻就是"多年前就不能用了却偏偏用到现在的一只马桶"。

因为是这部纪录片电影女主角，她跟许多当红明星一起走过电影节的红毯，享受了一些喧闹而自豪的日子。然而就像黑塞的诗所说的一样："人生十分孤独。没有一个人能读懂另一个人"，余秀华作为一个诗人，也有同感："每个人都是孤独的。人心的孤独，不是婚姻能解决的。""我们之间不存在任何交流。家对他而言就是一个春节过年的地方。"对于她来说，在20年的婚姻里，精神上一直是孤独的，离婚后，并不会增加她的孤独感。相反，她有了更多的自由和可能，参与活动多一些，这个世界就多了解她一些，她的孤独感便没有那么强烈。

余秀华的诗歌里面，充满了对于爱情的向往。但是，即便她成名了，她在婚恋上依然存在巨大的障碍，她有很多劣势：残疾、歪嘴、偏头、口齿不清、年龄大，更谈不上美貌，靠近的人，更多的是来凑热闹的，甚至是骗子。爱情要真实地走进她的生活，就像一个永远也做不醒的梦。但她并不在乎，而是一种"是怎么样，就怎么样"的态度面对生活，所谓"高贵的灵魂"放在这么一个残疾的躯壳里，虽然很委屈，但毕竟，身体和灵魂都是自己，没有人的精神是脱离自己的身体而存在的。

她还很幽默。在博客里，她写了一篇文章叫作《我和范俭不得不说的故事》，范俭就是那部纪录片的导演，这个标题一下就吊住了读者的胃口。但她文章的第一句话就话锋一转："首先，我得送给范俭一束狗尾巴花，安慰他看到这个题目就吓得两股战战。"就像是在给老朋友开了一个公开的玩笑。她在文中还特意做了澄清，并对这位导演表示感谢："有一段时间我对范俭有一点依赖，但是从来没有产生过爱慕，我对不起人民对不起党，对不起范俭：我如此喜欢爱情的女人居然没有对如此优秀的男人有非分之想，我的头被门夹了。范俭是一个优秀的男人，他能把生活的道理深入浅出地对我前夫讲，终于让这个觉得自己被抛弃的男人同意离婚。范俭不仅仅是我人生的导师，还是我前夫的人生导师。"

余秀华的经济状况有了很大提升，有人担心她没有那种困苦的体验了，还能否写出好诗来，她对此并不在意，依然一副"是怎么就怎么，该怎样就怎样"的态度。实际上，她之前创作诗歌的生活环境也改变了，和中国大部分农村一样，房屋、道路、农田、池塘，都已经改变，除了月亮，一切都在变。她微博的个人简介是这么一句话："不问前程凶吉，但求落幕无悔。"最后再引用她的一首诗，这首诗能够体现她对于未来的心境：

《和妈妈一起回家》

村里扩建公路，路基都毁了
连同一直挂在天上的月亮也毁了
一场雨，把刚刚踩出的一条小径毁了

一个年老的女人拉着一个走路不稳的女人
一双沾满泥巴的脚拖着另一双陷在泥巴里的脚

一个声音说走错了，另一个声音说没有错

40 岁的生日在不远的一个深夜里等着

妈妈说 40 岁的生日不给我过了

妈妈说我离婚了，40 岁的生日过得没意思

妈妈拉着我的手回家

拉得那么紧，不允许我颤抖

妈妈说的那些话铿锵有力，不像一个病人

回家以后，妈妈房间的灯很快就熄灭了

我一夜没有熄灯

以为这样，就能早一点触碰到黎明

"我要稳稳的幸福"

在《追求"婚姻幸福"，可能本来就是一个错误》这篇文章里，我讲到女生们应该首先追求自身的幸福，在彻底了解婚姻本质的三个要素后，再去考虑如何好好应对，如何处理好婚姻中相关的事情，去获取婚姻的幸福。很多女生还是觉得，这观点距离现实遥远，太难以做到了，只是想要实现目前眼光和能力可以达到的"小幸福"而已。

我来分享一位女性"稳稳的幸福"的故事，英子的故事，希望能给大家带来温馨的感觉，平复一下大家内心掀起的波澜。

我是通过我的朋友金文了解到英子的故事的。英子是金文的老乡，金文上大学的时候，英子也在那个城市上卫校，因为老乡的关系而认识起来，发现还是来自于同一所中学，后来经常一起参加聚会，就成为了朋友。二十多年后，就成为老朋友了。

英子是位药剂师，在广州一家著名的三甲医院药房工作。平时除了医院里8小时的繁忙工作外，她的主要爱好是打羽毛球，经常获得医院和广州卫生系统羽毛球比赛的奖项。她老公叫"大可"，是在卫校时的同学。他们两个都是客家人，家乡间的直线距离也就100公里左右。

英子的朋友圈几乎每天都更新，大约是一家人的旅行见闻，如何做好吃的，儿子和老公如何整理物品，以及自己打羽毛球的成绩，诸如此类的照片。她很少转发文章链接，大部分都是即时或当天的信息，关注她的朋友圈，就非常有现场直播或者说"真人秀"的感觉了。

前些天，她老公给她送了一束"花"，庆祝结婚20周年。这束花是用20个洁白的羽毛球，间隔着玫瑰和满天星做成的，漂亮极了。英子感动了，说"20年整，有点小激动，感谢你的包容让我活得有些任性"。感动的不只是英子，英子的朋友圈都被感动了，大家纷纷留言祝福。这样的画面暖暖的，让每一个看这条朋友圈的人都能感受到幸福。而我的手机，也因为我久久地关注着屏幕，变得温暖起来，虽然，那是电池发热引起的。

金文说，刚上大学时，1993年冬天的一个周末，有一次，他倒腾了两趟公交车，从东北向西南穿越了整个城市，又步行沿着公路翻过一座山，去英子的学校。在那里，他第一次见到了大可。"大可当时长得瘦瘦的，黑黑的。当然，现在大可也是瘦瘦的，黑黑的。从各个方面来说，这个男人几乎就没有过任何变化，变化的只有环境"，金文这么描述道。

英子向金文讲述了她的烦恼和困惑，大可经常来找她，那时候没有手机，宿舍里也没有电话，他一有空就过来跟着她，但英子并不喜欢他这样。金文是个非常迟钝的人，还是一副初中生的模样，并不懂这些，还以为她受到了骚扰和威胁，就说，要不找那位部队里的老乡出面威慑一下吧。

周末的午后，他们仨在一间空教室里坐着闲聊。大可开始很沉默，非常注意倾听这两位老乡之间的对话以及讲述中学校园里共同的老师和同学的故事，后面也开始愿意表达起来，而且，大可言语中非常认可金文从山区考上重点大学的能力。金文也渐渐觉得，大可其实并没有英子所说的那么让人讨厌嘛。后来，他们一起约了一群朋友去爬泰山，去看黄河，逐渐都成了为了好朋友。

时光匆匆，两年后，英子和大可就从卫校中专毕业了，而金文还要留在这个城市继续学习。英子和大可都是广州卫生系统委托培养的学生，学费是公家掏的，自然就只有服从分配了。其实这是相当幸运的一件事，不用自己找工作，他们被分别分配在两家三甲医院工作，而且单位为他们都办理了广州户口，提供了集体宿舍。工作生活就这么稳定下来了。

1999年9月9日，在这个蕴含幸福要长久之意的幸运日子里，英子和大可结婚了。因为要结婚，他们在广州市中心靠近英子医院的地方按揭买了一套房子。很多关心房地产的朋友会发现，这是中国最适合买房子的时期，房子很便宜，英子和大可有稳定的工作，贷款是很方便的。他们当时以很小的代价买了婚房，虽然是小小的两居室，但是很温馨。

之后的几年，孩子出生了，家里老人要来帮助带孩子，房子就显得小了，他们又想办法凑钱买了第二套房子，是个三居室。现在大家知道了，那些年，广州的房价仍然不算太高，但如今，他们这个家，凭借这两套市中心的住宅，成为了标准的中产家庭。

这家普通人的生活，就像一叶小舟，顺着涓涓溪流而下，沿着江河，就来到了一望无际的蔚蓝大海，广阔而又充满了希望。

英子和大可的生活轨迹，完全和这些年的经济、社会发展相同步，90年代末经济转型期来到了改革开放的一线城市广州，并拥有了户口，从一开始就有稳定的工作和生活，在该买房的时候买了房子，在该生孩子的时候生了孩子，一切都是生活的水波推着向前。这一切，都是发生在中国经济增长最快，社会矛盾比较小的20年里。英子和大可，属于工作趁早，结婚趁早，生子趁早，买房趁早的那一批人，享受到了时代、社会、经济发展的红利。英子和大可需要努力的，似乎只有羽毛球，他们获得了单位和系统内很多的羽毛球业余赛冠亚军。

　　金文比英子和大可晚两年从重点大学毕业，从事着高大上的IT行业，后来接触了很多的行业和人，在市场上攻城略地，南征北战，全国各地奔波折腾了一圈下来，也定居在上海时，取得的生活战果，也无非是和英子和大可类似。只不过，结婚迟了一些，孩子年龄小一些，房子要偏远一些，面积要小一些。金文多读了两年书，可是羽毛球不如英子和大可打得好啊，饭菜也不如他们做得漂亮。

　　金文有时出差去广州，偶尔就去看望英子和大可，20年来，见面的次数还是非常少。金文说，我觉得你们这一路走来，陪伴了20年，从校园走到现在，如今应该是算幸福的吧？大可只是笑笑，英子说，其实不尽然，两个人之间也经历了很多矛盾，但是之后就不愿意多说了，然后看了大可一眼，大可仍然没有说话。三人继续絮絮叨叨地说着以前的校园往事，共同认识的人在这20年里的变化。

加了微信之后，大家也并不怎么联系，只是偶尔在朋友圈点个赞。英子的朋友圈内容多一些，几乎每天都会更新。他们旅行很多，是朋友圈的主要内容，几乎每周末都会出去玩，最近还几个家庭一起去了新疆，其中有一家人还是金文的小学同学，也是安家在广州的。除了旅行、羽毛球和做菜，英子的朋友圈有时候是几张医院HIS系统崩溃后病人排长队的场景，或者对于药房繁忙工作的感慨，偶尔会有几句生活感悟，对大可不点名的"隔空抱怨"也有那么一两次，但更多的是对大可饭菜的褒扬。

英子经常提到儿子。在朋友圈里从几岁成长到十几岁，从娃娃脸到青春痘，从小学生到一米八的小伙子，非常优秀，很会收拾东西，会做饭，会经常拥抱父母，同样地羽毛球打得非常好。朋友圈里似乎提到小伙子经历过一场有惊无险的车祸，一家人更觉得需要好好珍惜眼下的生活。

大可的朋友圈照片就要少很多，文字也非常精简，经常简单到外人看不懂,需要对照着英子的朋友圈才能看懂。
这种链接很有趣。

其实,对照我前面的文章《追求"婚姻幸福",可能是一个错误》里提到的,婚姻的三个要素:经济、养育子女、夫妻情感,你会发现,英子和大可恰恰是在这三个方面都做得比较好,"平稳而有福"(鲁迅)。

他们的生活,在我看来,用眼下流行的话来说,就很"佛系",像之前我在清迈看到的湄平河水,静静流淌,风景优美而不扎眼。虽然常在雨后,河水稍显浑浊一些,但更多的时候,阳光将椰树的影子投在河畔的草坪上,金碧辉煌的庙宇尖顶,夹杂在稀松的欧式或热带低矮建筑中,像一幅油画,一首歌。

"海上天使"淑贞的困与惑

淑贞是位"白衣天使",今年30岁,上海"本地人",家住南汇。每天早上不到6点,淑贞就得摸黑起床,乘坐地铁16号线到"四线换乘"的龙阳路站,再换乘2号线,然后在同样"四线换乘"的世纪大道站换乘4号线到塘桥站,从2号口出来,大约步行300米,就到医院了。

从淑贞的家到医院有40公里,前些年,她乘坐沪南线去上班,从惠南镇到塘桥,单程需要2个小时以上,碰上沪南公路修路堵车,时间就更没有保障了。自从16号线开通以后,淑贞就改乘地铁去上班,时间上的焦虑减少了,可是对体力的考验却更大了。以前乘坐沪南线,从小区门口到医院门口,端到端地"接送",除了时间长点,还是很便利的。而且起早贪黑的,没有人和她抢座位,还能在车上小睡上一觉。如今乘坐地铁,当中有两个换乘大站,往往要第二、第三趟车才能挤上去,自觉地像照片一样贴着车门站着，还得防止车门夹着自己的 LV 包包。

为了不麻烦父母，每天早晨，淑贞都在小区门口的"XX馒头"店买两个"肉馒头"和一袋豆浆作为早餐。由于公交车和地铁上都有禁止饮食的规定，她得迅速地在车辆到站前把肉馒头咽下去，然后吸完那袋热豆浆。有一段时间，淑贞觉得这豆浆的包装像极了医院里打点滴的盐水袋。久之，她就很担心自己会像肿瘤科那班实习医生说的一样，因为每天急匆匆吞咽热饮而得"喉癌"。她们这个职业，不但有洁癖的人特别多，还对各种疾病特别敏感。

淑贞是 1989 年秋出生的，顶着 80 后的帽子，不能算是 90 后，感觉很吃亏。刚毕业的时候，觉得自己还小着呢，结婚和生孩子仿佛是很遥远的事，可是，在沪南线上晃荡晃荡，几年就过去了，有些事情就迫在眉睫了，时间真的很可怕！

淑贞皮肤白白的，身高 162cm，不胖也不瘦，拿病人们的话来说，就是"标准的上海小姑娘"。可是护士生活和工作的圈子很小，接触的异性，除了医生就是病人了，感觉哪个也不适合恋爱啊。而且护士这个职业，没有什么自由，工作纪律很严格，周末离开上海还需要汇报给护士长，没办法，救死扶伤嘛。上班的时候，觉得挺神圣的；

发工资的时候，就觉得比农民工还要卑微。

　　大约是从 16 号线开通以来，淑贞的父母就着急起她找对象结婚这事情来。可是，往往对方知道淑贞是护士后，就退却了。

　　"今晚去丁香花园吃饭吧？那里有家粤菜馆，环境特别好。"

　　"不行呢，今天晚上 8 点才交班呢，交班还得半个小时到一个小时呢，根本赶不上。"

　　"那么明天呢？"

　　"明天我上夜班，晚上 8 点前要到科里……"

　　"要不我们周末去黄山吧？"

　　"不行，我不能跑那么远，我们医院要求，万一有紧急事件，必须在 2 个小时内能够赶回医院。"

　　"哦，那再说吧……"

　　又有人给淑贞介绍过一个"张江男"（在上海从事 IT 产业的男性），人挺聪明能干的，每天也是公司和住处两点一线地忙工作，倒是比较契合。微信里聊得挺好的，吃过两次饭，一起去东方艺术中心看过话剧。

　　可是父母知道后坚决反对，因为对方是来自外地农村的"凤凰男"。"到时候，他们家七大姨八大姑的，都来上海看病，什么都要你安排，烦死你"，听妈妈这么说，淑贞心里也七上八下的，很没底。虽然自己有过几次相亲经验，却没有真正的恋爱经历，面对这个还没有熟悉起来的男人，说不上有什么不好的，当然也无法表达出什么特别的好，作为"乖乖女"，就只好放弃了。

　　科里有个年轻的医生对淑贞很有好感，30出头，长得还挺帅的，叫潘正大，主要跟着主任做些科研工作。因为他经常求着淑贞在HIS之外再帮忙录入些病人信息，两人慢慢熟络了起来。

　　最初这潘正大只是买点"来伊份"之类的零食讨好她，这个大家都有份的，淑贞并不当回事。后来正大就开始送些小饰品，淑贞心里就开始有些小鹿乱跳了。直到生日那一天，有人送到护士站一大捧玫瑰和巧克力，卡片上写着大大的四个字"生日快乐！"很直接的，并没有什么诗歌或猜谜一样的句子。但那落款却一点儿也不掩饰谁是送礼的人，竟赫然写着"潘正大"三个字。好张扬啊！护士站的姐妹们都"哇！""浪漫啊！""漂亮啊！"叽叽喳喳个不停，连好些个病人也凑过来说，"这个小伙子蛮不错的，懂得把花送单位来，不像有些傻子，把花送家里去，有谁能看见啊？"淑贞的心便禁不住砰砰地乱跳了起来。"哦，原来这鲜花还可以做起搏器用啊，算起来自己快30岁了，还从来没有人送过花呢"，淑贞难为情地想到。

这小伙子相貌和能力都还不错，就是做事说话有些风风火火的，有时急起来扑楞扑楞的，所以主任让他主要做科研医生，这手术上的事，还是要稳妥些才好。潘正大善于交际，和各个科室都熟悉，常常帮人加号什么的，和药企、生物公司的关系也不错。

可是潘正大家住安亭，如果开始恋爱的话，这绝对算是异地恋。从安亭到南汇，这就是大上海的对角线啊，西北郊环对东南郊环，而单位几乎就在两家的中间点。淑贞不擅长开车，这以后跑一趟娘家或婆家，八十多公里，地铁11号线加16号线，也得两个半小时吧，这分明是两条地铁之间的恋情啊……想到这里，淑贞不禁发起呆来……

"淑贞，淑贞，43床呼叫，快去快去，昨晚他的伤口就开了，喊了一夜呢，快去换药重新处理一下，啊，快！"

淑贞猛然回到现实中，端起托盘去给43床处理术后伤口。

护士站里都是女生，往往也是"是非之地"，淑贞能够明显感觉到这科研医生出现后，姐妹们对自己的疏离。

第二天，细雨，一阵秋雨一阵凉。网上说，这阵雨过去，上海应该算是正式入秋了，炎热的夏天早已经过去，寒冷的日子还远着，正是一年中最好的时节。淑贞在路上呼吸着湿润的空气，脚步一点儿也不沾泥带水。

一上班，潘正大就来护士站找淑贞。

"淑贞，昨天的 Godiva 口感好不？"

"挺好的，没那么甜了。谢谢哈！"淑贞开心地回答到。

"你明早下夜班后，能帮我再给 13 床、18 床，还有 21 床抽个血吗？"

"可以的，你明早过来啊？"

"哦，我明天不过来了，这段时间很忙，有个公司的人来取，他会给你打电话，这是 20 根采血管，都是他们的，放你这里吧？"

"……"

"还有，这些知情同意书，我都打印出来了，你抽完血后，就让病人家属在上面签个字。以前都是我自己办的，以后你帮我好不？记住，一定要病人家属签字。这是抗凝管，采好血以后，来回慢摇 10 次，才能把血样交给那家基因公司的人，那家公司派来的人不懂这个，都是猪脑子，记不住的，上次有两个血样送过去都坏了。"

"这个，主任知道么？"

"唉，没关系的，主任这么忙，哪管得了这事啊？"

"要不，还是跟护士长说说吧？"

"不用了，她很快就要调走了，后面还不知道谁负责呢！"

"正大，这个不好吧……"

"没事的，你帮我这个忙吧，我跟护士长说了，月底GSK 那个会，就安排你去哈！"

正大走了，淑贞怔怔地看着那 20 根管子，管子内壁上有些"露珠"，湿漉漉的，就跟自己的情绪一样，外面的雨没淋在身上，倒像是淋在心里。

原来是这么回事，自己又自作多情。

2 个小时后，淑贞把桌子上的玫瑰收拾了，扔进垃圾桶里，又把管子放在冰柜里，给潘正大发了微信，让他另外想办法吧。

潘正大过两天又来向她陪不是，要请她去"巴黎春天"吃饭，说他不是要把淑贞往火坑里推，这是家靠谱的公司，病人也需要做这个基因检测。这是前沿科技，不算医疗服务，算是科研，不会有什么责任的，只是医院审批太严格，流程没法过的，病人愿意掏钱，公司出科研报告而已。

"为什么不找其他人呢？"

"这不你做事最认真吗？"

"胡说！谁做事不认真？！"

"不是，我和她们不熟嘛。"

"护士站还有你不熟悉的人？整个外科大楼的护士你都熟吧？"

"淑贞，真的，只有你愿意帮我啊。"

"我为什么要帮你呢？"

"因为，……因为你人好啊……"

"去你的人好……本姐姐今天就想做个坏人！"说着把潘正大的手推开，去食堂吃饭去了。

淑贞有时候会抱怨父亲给自己起的这个名字，什么淑贞淑贞的，好土啊，人家明星都叫"海璐"什么的，而自己的名字似乎是民国时期的，听起来就像一个护士。她有的时候怀疑，"淑贞"是父亲年轻时候初恋情人的名字，要么就是梦中情人，可每每对质，父亲就是不承认。再向母亲求证，也矢口否认，只是白了她一眼，说："你们秦家一千年前做了坏事，所以后代就得又淑又贞啊"。淑贞更不高兴了，对这个名字成见愈发深。

淑贞经常懊悔做了护士，太辛苦，她已经轮了8年夜班。每到下半夜，病房走道里一个人也没有，鼾声四起，又夹杂着此起彼伏的咳嗽声，淑贞在护士站坐着，感觉坚持不下去，脖子似乎支撑不了头的重量，好几次要磕在那文件夹子上。

夜里，需要每隔半个小时巡查一次病房。这时戴着护士帽的淑贞，看起来比起平时长发垂肩的淑贞，年纪要小很多。她一个人穿梭在病房之间，床头的屏幕上跳跃着象征生命的红色数字，走道的顶灯白丝丝地惨亮着，这甬道很长很长，淑贞走着走着，就像一个长镜头。

楼道最远处的灯管一闪一闪的，启辉器一直在嘀嗒嘀嗒地努力，淑贞觉得它就像一颗不愿意停止跳动的心脏一样，想要支撑这灯管正常运行，又无论如何做不到，夜复一夜煎熬下去。

正想到这里，远处病房传来痛苦的呻吟，又有病人家属急匆匆地跑来，"护士、护士，快来快来，不好了……"

淑贞当年的选择也不多，不擅长数理化，对历史地理更是懵懂，因为她从小都没有离开过上海啊。家中没矿，没背景，也没有土地农舍可供拆迁，父母只是普通职工而已，所以她考护理学院，选择了最辛苦的职业，成为"白衣天使"。可见，人类的崇高，都是被逼出来的。普通百姓的理想，但凡有点条件，基本都想做个"好逸恶劳"的人。

淑贞并不好逸恶劳，因为她是个"天使"，而且是以认真负责、敬岗爱业而著称的上海医疗系统"天使"。按民国时期上海的海报宣传风格，她就是"海上天使"。

医院，就是穿白衣的"部队"，各种要求和追责特别多，科里要求护士们背"三要三不要"，背不上来扣绩效，而院里就要求背"六要六不要"，到了卫计委来抽查，就成了"十要十不要"。

有一次，市里某检查小组突袭暗访，刚好淑贞当班，领导说，其他的检查就免了，背诵个"十要十不要"吧？淑贞一着急没答上来，脸憋得通红。这让她想起了小学的时候，被老师当众训斥的尴尬，"昨日重现"。生活就是这样，你原以为已经远去的事情，若干年后，会以你预想不到的形式再现，就像小时候换牙疼，年纪大了烂牙疼，反正疼起来都是一样的感觉。

淑贞送走了市里的调查组，就去病房里查房了，内心一阵懊悔，"哎，这个月奖金又要被扣了"。明明自己是院里的操作冠军，却考这"十要十不要"的，难道每次打针发药前还背一遍不成？"嗨"，深呼吸，长叹一口气，"38床，你下午的手术，要备皮了，准备一下吧"，说完就去把 38 床的帘子拉上了……

护士们的奖金，其实就是工资，因为她们的基本工资，几乎就是这个城市的最低薪资标准。早些年的部队医院里，非文职的聘用护士，基本工资只有几百元，甚至还不到最低工资标准。护士这个职业，撇开体力差异，工作强度确实和建筑工地差不多，但收入却更低。而且，大家去医院的时候，很少看见老年护士吧？这个职业不但辛苦，还是个青春饭，和医生完全不同。

淑贞下班路上感觉很沮丧，摆弄着自己的包包。这个LV，如果是真的，得好几个月工资呢，姐妹们也都有类似的包包，什么 Armani、Bvlgari、miumiu 之类，但自己也不识得真假。有些东西，是自己真正拥有之后，才能看得清楚的。

有的同学想拉淑贞去医药公司工作，还有的想推荐她去保险公司，因为淑贞形象还凑和，谈吐也过得去。可是淑贞内心是很抗拒的，医院虽然工资低，但毕竟是事业单位，工作稳定，面子上也好看些，将来养老什么还是有保障的。离开医院，去医药器械公司，或者保险公司做销售，就是要整天求人，低声下气的，感觉就像不会游泳的她，掉到了大海里，到时候，怎么喊都没人救啊。

护士长要调到区卫计委去工作，会空出来一个很好的位置。但是竞争对手也很多，科里有硕士护士、本科护士好几位，而淑贞原本只是大专护士，刚刚读完在职本科，职称也仅仅是护师，而别人都已经是主管护师了。淑贞觉得怎么也轮不到自己，也就不想那么多了。

　　科室的何主任、吴主任都是德高望重的老教授，他们愿意帮助年轻人进步，经常愿意捎带她们去手术室，让淑贞熟悉介入手术，并鼓励她开始写作介入相关的护理论文，在学历、职称和技能上提高自己，争取以后的机会。三甲医院就有这个好处，虽然只是护士，但在业务上也能有成长的空间。

　　可是父母亲不这么认为，他们觉得淑贞在这家医院上班太远了，而且护士嘛，又不是医生，在哪上班不是一样的？于是就想托人给淑贞在家附近的"中心医院"找个护士长的工作，因为淑贞来自三甲医院，有上海户口而且是事业编制，有熟人介绍的话还是有可能的。中心医院新近改了个好听大气的名字，也在申请三级乙等医院，肯定是需要引进人才的。他们托亲戚曲里拐弯地找到了一个领导，可以给护理部打招呼的，就觉着总归是领导吧，推荐个护士长还是可以的。淑贞不太愿意离开三甲医院，但还是顺着父母去接受"面试"。说是"面试"，就是去见见面聊聊天。

秋日的夕阳把空气晒得很暖和，路边的梧桐树也被拉出了一道道长长的影子，淑贞在上夜班之前去拜会这位领导。乘公交只需三站就到了这家医院，一阵风吹来，隐隐地还能闻到野生动物园的气息，她并不是很喜欢这种味道，还是觉得市区的感觉好，虽然上班途中太过辛劳。

这位副院长是刚从外地引进来的"高科技人才"和"领军人物"，只有40多岁，却是外科业务骨干，给人以非常精明强悍的感觉。但额头上油油的，光光的，有些领袖的"风貌"。他的桌面上放着三个大显示器，其中一个是竖放的，显然是医用显示器，用来看8M以上的X光片，另外两个屏幕也非常大，其中有一个还是苹果的，淑贞就猜不到用途了。桌面上还有国旗和党旗，一个地球仪，几本书，旁边还放着一些其他医学教具，反正看起来既专业又有领导的派头。

淑贞在副院长办公室交谈了一会儿，聊了聊对于医院的看法之类，对方就忽然变得"亲切"起来，站起来踱着步和淑贞交谈，而且都是些和工作不太相关的话题。又说自己的妻子和孩子都在江北呢，而从这到市区的火车站都得 2 个小时，每周来回好辛苦，以后还是两周回去一次好了。

淑贞只是应着："是吗？"

"怎么还不结婚呢？是不是要求太高啊？"

"……"淑贞对于这种尬聊，向来是不接话的。

"其实你条件挺好的，身材窈窕，皮肤也很白，是不是圈子太小啊？"

"大概是吧。"

"护理工作实在是太辛苦了，你现在还上夜班吗？夜班对皮肤不好，其实血液中心倒是清闲点，还有卫生局的……"

"我妈想让我离家近点。"

"哦，是啊，这是离你家最近的医院了。家近是个宝啊……"

领导就继续说，幸好院里安排的房子也是走路就能到的，阳台还能看见动物园和地铁站，不过一个人住着，还是太空旷了……

淑贞觉得似乎没有什么合适的话题，而且这领导办公室的空气中也开始弥漫着一种野生动物的气息，实在是不太喜欢，便匆匆告辞了出来。淑贞认为，有的时候，面对的情形过于陌生，就干脆离开吧，这是避免尴尬的最好办法，也是她不爱旅行不爱接触生人的原因。

时间还早，淑贞就乘沪南线去上夜班。车里人很少，安安静静的，她坐在中门后的第二排，隔着玻璃窗，望着窗外熙熙攘攘逆行的车流，华灯初上，她觉得这城市还是很温暖很有意思的。大家都下班了，自己却去上班，方向反着，车上和路上，都不太拥挤。

"找男朋友的事，就先放放吧，这事急不来，眼下两篇论文快要发了，继续报考主管护师，卫计委招聘的那个岗位也可以去考考试试。如果30周岁的时候再找不到男朋友，就去考美国的护士执业证书，自己的英文底子还是可以的。当年有位闺蜜同学，一毕业就考去美国做护士了，收入挺高的，也不会受气，关键是很快就结婚了"。想到这里，淑贞感受到来自内心的鼓舞，嘴角溢出了笑。

晚秋的故事

　　韩晚秋这个名字，在我最初听到朋友讲述这个故事的时候，以为是别名、化名或笔名，后来确认是印在身份证上的真名后，就很让人疑心她父母当时的心态，这几乎很难用文化程度不高来解释。

　　可她父母恰好都是农民，就无法多加责怪了，好比说一个人没赚到钱，只要说出他家三代贫农来，大家也就"释然"了一样。人们总是希望一些思维定势能出来"维持秩序"，如果有人能够突破，就归为"奇人异事"，当作石破天惊的故事来传颂。

　　晚秋不但名字看起来倒霉，就连面相看起来也非常"倒眉"。其实她弯弯的眉毛挺好看的，像"巴布豆"一样可爱，不知为什么面相学家要将之定义为"倒眉"。晚秋年少时一直挺好看的，直到22岁倒霉那一年，唯独那一年不好看，脸型削瘦后，竟然从瓜子脸变成了锥子脸，从美人尖成了"巫婆下巴"，显得突兀了起来。但是过了两年，她就时来运转了，又恢复了美人胚子。这充分证明，从名字和面相看命运，都是靠不住的。

青梅竹马

韩晚秋70年代出生于湖南汨罗，和她的第一个男人叶家龙是隔壁村的"邻居"，小学同班不同级，初中同级不同班，高中同级又同班。

"小学同班不同级"，这是怎么回事呢？那是因为农村人少，一个学校就一个班，各个年级都在一起上课，他们同班不同级。晚秋虚大一岁，就高一年级，可小学毕业时，家里为了让她替表哥考初中，就让她在家呆了一年，第二年才上中学，于是晚秋就和家龙同级了。

也许你会问，什么？女孩替男孩参加小升初考试？是的，你没看错。我最初听说这个事，也觉得很奇怪，但事实上就这么发生了，在那个时代，在那样的乡下，只要有个差不多大的孩子坐在那里填上名字，做完语文和数学卷子，没人管那桌前坐的是男孩还是女孩。

小学的时候，家龙就喜欢作弄晚秋，在她裙子上滴上黑墨水什么的，没有什么理由。据后来的心理学家们分析，这是一种"爱的表达"：因为得不到，所以想破坏，由爱生恨。我觉得这种的"爱"挺别致的，特别是发生在这么小的孩子身上。但是晚秋却没有那么"爱"或"恨"家龙，她只是觉得，如果一定要滴墨水到她的新裙子上的话，为什么不是红色的？！因为她一直想要家里给自己买一条红点点的裙子，而最终父母托姑姑从长沙买回来的偏偏是白色，什么图案也没有，就像一件孝服。姑姑有她的理由："要想俏一身孝"，既然她没有自己的孩子，那么只能在晚秋身上实现自己的理想了。

转眼就上了初中，晚秋在一班，家龙在二班，依然是隔壁"邻居"。晚秋成长为了美少女、校花，家龙也开始青春萌动，开始爱慕起晚秋来。这个时期男孩女孩之间的距离反而疏远了，那种对异性的好感是那样的晦涩，就像青梅一样。

但家龙还是很自卑，他家的经济情况要比晚秋家差很多，从来只有两件衣服换洗着穿，土得让人一看就知道是农村的孩子。而晚秋家还有些亲朋好友，大家都愿意打扮小女孩，尤其是她姑姑，年轻的时候赶上文革没穿过裙子，正好在晚秋身上弥补自己当年的愿望。

家龙没想到高中能与晚秋同班。晚秋是这个学校的入学第一名，安排在一班，第二名在二班，第三名在三班……然后到底再折回来，第八名又在一班……家龙是第42名，本来应该在七班的，可是有个转校来的教工子女在他之前被安插在了一班，其他孩子就顺延，家龙的序号成了 43 号，也被排在了一班。再次成为同班同学后，他们的交往就越来越多，至少周末可以相伴回家，家龙也开始懂得献殷勤了。晚秋见他从小钟情自己，也不免心生几分好感出来。

爱在黄昏落日时

　　汨罗是屈原投江的地方，高一下学期的端午节，学校进行了一场征文比赛，题目挺怪的，叫做"屈原与粽子"。

　　大家都顺着写屈原怎么爱国，死后楚国百姓纪念他，怕鱼儿咬屈原，就做了粽子扔在水里等等。只有两人与众不同，写作思路清奇。一个写屈原的魂穿越千年，一路上目睹了端午习俗的变迁，并向世人澄清粽子和自己没有关系，最后与武周王朝的武则天皇帝对话，将端午的历史写得清清楚楚。另一个写遍了各种传统节日与食物的关系，并把端午节与寒食节类比，将楚怀王对比晋文公，屈原参照介子推，最后论述了士大夫的理想与现实的关系。这两篇文章的作者就分别是韩晚秋和叶家龙，双双获得了一等奖。这时无论同学们还是老师们，都疑心他们俩是一起创作的，把他们当作一对，他们俩的名字经常这样关联在一起，就俨然一对金童玉女，惹人羡慕或妒忌。

这时荷尔蒙开始发挥效力，却对晚秋和家龙起的作用完全不同。高二文理分科，可是两人还想留在同一个班，晚秋原本是年级第一，尤其擅长文科，而家龙擅长数理化，晚秋为了迁就家龙，就学了理科。第一学期考试成绩出来后，晚秋的排名就稍微拉下了几名，而家龙却上升到了数一数二的位置。

家龙开始"猖狂"了起来，他干脆和晚秋的同桌商量了一下，对换了个座位，堂而皇之地和晚秋同桌起来，全然不顾全班同学的起哄。晚秋脸涨得通红，就像一只被求爱的小母鸡一样窘得无地自容，趴在那桌子上一遍遍抄写单词，也不知道自己写了些什么，心里慌张得像做了见不得人的事，被突然间曝光，不清楚会受到什么样的惩罚。第二个学期下来，晚秋的成绩又拉下来不少，按照学校往年的经验，一个班能考上大学的数量只能是个位数，晚秋的排名已经掉入两位数了，自信心消减了不少。晚秋之前像是持剑的美少女战士，后面跟着千军万马，这会儿却成了个小丫鬟，陪伴在家龙身旁。

暑假来临，晚秋和家龙骑着自行车结伴回家，有几十里路，路过一段小碎屑路的时候，晚秋的车胎就开始漏气了，他们推着车往前走了好久才走到一个村落，找到一个修车铺，等到补好车胎时已经耽误了不少时间。他们又骑行了一段，转到小路上来了，这条路不通汽车，平时行人也少，安静得很。上了一个小坡后，林木森森，非常凉快，离家还有相当距离，他们就在林子里找了块草地坐下来休息。

夕阳从林间斜斜地撒下来一些鳞片，落在晚秋身上，仍然能感觉到热意，她把裙子的袖口和领口都抖开了些，便于林间的凉风能钻进来把身上的汗渍带走。而家龙此时已经光着膀子了，看着都凉爽多了。晚秋看他瘦瘦的，竟然也有六块腹肌，特别是那肩膀，宽阔了许多，已经是个成年男子的样子了。女孩子一般初中时长得快，而男生在高中时就赶上来了。家龙把自行车上准备带回家洗涤的毯子拿了下来，铺在草地上，说可以躺一会儿，等太阳再下去点就走，省得迎面晒太阳，把脸给晒红了。晚秋最怕晒脸了，于是听了家龙的话。她开始是坐在这毯子上，因为嫌它不干净，过了一会儿困得不行，就想隔着衣服也没有什么妨碍，便躺下了。而家龙在毯子的另一头早躺下睡着了。

晚秋是在一阵快意中醒来的，阳光从地面退到了树梢上，树林里的凉风吹得裸露着的两臂还有些凉意，但她身上却感到热热的，同时软绵绵不能动弹，比起平时午觉起来的慵懒要厉害10倍呢，宿舍里姐妹们夜晚讲故事的时候提到过"鬼压床"，这难道就是"鬼压床"？她只能稍稍抬起头来，却看见家龙光着身子，像是行跪拜礼一样趴在自己跟前。晚秋大吃了一惊，然而竭尽了全力却无法推开他，只后移了一寸，才勉强喊出声来："家龙！"家龙却喘息着，像一头不懂停息的狮子一样扑将上来，覆盖了她。晚秋依旧不能动弹，只能顺着他摆布，觉得这男人既熟悉又陌生，熟悉的是那汗的气息，陌生的是那野兽一般的力量。

晚秋对于这片树林，一直存有复杂的情感。学生时代，这是她回家的必经之路，路过的时候，她总要回想，那究竟是怎么发生的呢？完全不在预料中，这种意外感，很新鲜，很可怕。后来村里通了公交，她也就不常走这路了，偶尔路过一次，会感叹这树林又茂盛了许多，彻底遮住了阳光。10年后，新建的一条高速公路从这里经过，许多不太高的山都被劈开，那山坡被彻底铲平，再也找不到那树林原来的确切位置。

梦碎

　　两个月后，晚秋发现自己怀孕了。这可是高三了，怎么办？晚秋慌了神，晚上就把家龙叫到教室楼下的小花园里，哭着告诉了他，可家龙也没主意，只是说要她去打胎，但是要怎么打，怎么去医院挂号，钱从哪里来？一概说不上来。晚秋完全无法用功学习下去，也不敢告诉父母。

　　想了好几天，晚秋终于向班主任请了病假，借了点钱去一家小诊所做了手术，然后在家龙一个初中同学家的租赁房里休息了两天才回来上学。老师们发现晚秋像完全变了一个人，原来睿智伶俐的美少女形象看不见了，病恹恹的，反应迟钝，目光呆滞，这种状态持续了几个月，一直到高考。晚秋知道自己被这次意外怀孕打击得不轻，却不想再影响家龙，她让家龙好好学习，其他的事情自己会处理。

　　期盼了三年的高考来临的时候，晚秋完全没有其他同学的那种兴奋感，她甚至有些倦怠。开考那天早上，她几乎是最后一个进入考场，低着头，慢慢地做着那卷子，既不兴奋，也不焦虑。考试结束后，家龙问她感觉怎样？她没有说话，过了很久才长叹了一口气，家龙便不再去问她。

发榜的时候，家龙考上了西安一所全国知名的重点大学，而晚秋不但落榜，分数还出乎预料的低，竟然差了近200分，在班里几乎倒数了。晚秋的父母越发觉得那些亲戚朋友说得没错，女孩子就是小时候优秀，应该上中专，上了高中就不行了，他们认为一个原因是女孩子"脑子跟不上了，数理化哪这么容易啊"，另外一个是生理原因，"女孩子事情麻烦，多愁善感，情绪也不够稳定"。晚秋不想和父母争执太多，只想着来年能够再考一次，可是分数差得太远，补习班也有录取线的，一般只收距离分数线50分以内的，差个100分的偶尔也可以考虑，晚秋这成绩，看起就像有一两门功课缺考似的，老师们也没有信心去帮她。这一年他们学校考得特别差，校长也被处分了，只有不到10个学生上本科线，大专线和本科线只相差几分，大专也只录取了几个。

家龙对晚秋说，按你的成绩，即便停留在高二的水平，也不致于这样啊。但他似乎还有更烦心的事，就是自己上大学的学费没有着落，非但如此，他父母甚至连他去西安的路费也拿不出来，因为多年的欠账，他们家已经在亲朋好友中丧失了信誉，再也没有人愿意借钱给他的父母。

对于他们班多数同学来说，除了成绩靠近分数线的十几个同学选择补习复读以外，其他的要么由父母安排进本地工厂，要么都去广州打工了。90 年代，读书无用论非常盛行，一个大学毕业生分配工作后，薪资还不到广东打工仔的三分之一，而一个打工仔在广东工作几年后，竟然能回老家盖一栋小楼。于是班上很多女同学就想拉上晚秋去番禺的服装厂做工，对于她们来说，晚秋这个高考成绩给了大家很多安慰，这"充分证明"：女人的"智力"都是差不多的，超凡脱俗的"仙女"是不存在的。

这时晚秋的父亲意外中风了。他只有五十多岁，是个木匠，在农村，木匠是个很能养家糊口的手艺活，他还会用剩下的小木头做些好玩的小东西，比如说刻个小木偶、木鱼，做个梳妆盒之类的，在市场上很多人愿意收的。晚秋小时候的玩具，几乎全是她父亲做的，再往早里说，晚秋的母亲看上他，也是因为他的手工活做得太帅了。90 年代后，不管城市还是乡村，大家都不再盖木楼了，改用钢筋混凝土，广州出产的成品家具既好看又便宜。他的生意少了很多。守在家里就有人请的年代过去了，他不得已要经常进城去做装修，偶尔帮人"打棺材"。他在城里一户人家单独的一间大棚屋里打制两副棺材，其中一副已经造好了，只是没有上漆，木头不错，散发着的香气可以驱蚊，夜里就自己睡在里面，敞开着也不用盖被子，像是悬在木架上的一只独木舟。这天他睡得很香，有人敲门才发现天已经大亮，急忙起来，可是没习惯这"高床沿"，跨出一步的时候被绊倒了。整个人摔了下来，连着棺材也一起滚落，幸好没有被压着，但他一会儿就发现自己起不来了，也说不出话来。外面的人听见里面这么大动静，还有晚秋父亲发出的咿咿呀呀声音，便立即撞开门，冲了进来，将他送进了附近的中医院，后来又接着转到了人民医院，前后入院出院折腾了几个小时。可是人民医院的急诊科医生却说错过了黄金治疗期，应该是中风后立即送来这边处理，中医的针灸和药物是不能救急的，晚秋的父亲在前几天都不能说话，身体从头到脚有半侧不能动，这种情况叫作"半身不遂"。

西安和番禺

　　如此一来，晚秋家的经济状况就从略有盈余，跌落到了负债的状况。所有的农活和家务都落在了母亲身上，还得照顾她父亲，晚秋虽然也在家帮助做点事情，但解决不了收入的问题。复读的事情就耽搁下来了，她决定跟着小姐妹们先去番禺打几个月工。这是"厂妹"界的一个重大胜利，终于有一个本来可以成为大学生的"天之骄子"和她们一起上流水线了。

到了番禺后，老板很快就发现了晚秋的与众不同，她的字写得非常漂亮，语言表达也比其他女工流畅得多，于是把她从流水线抽调到管理岗位上来，做些记录和报表的工作，薪资也提高了不少。这时晚秋收到父亲的一封信，说是病情稳定了，在医院没有更多的进展，于是出院回家，只是还干不了活，让她不要担心。

晚秋仿佛找到了希望，下班回到宿舍，做高考模拟题也更加有信心起来。可这时她又接到了家龙的来信，他进了经济管理系，西安古城的一切都让他兴奋，说那城墙虽不是唐朝留下的，但明代的建筑，也相当的不错。他还向晚秋描述了学校的设施，图书馆里书籍品类非常多，很多是他们原来怎么也没有想到过的，这里的学术科目有几百种，而他们高中只接触了九种……不过，最后，还是有一个小问题，就是还一直没有交学费，因为学校里伙食比中学里贵多了，他就把村里捐款集资的1000块钱扣留下来做生活费了，还有课本也是要花钱买的，这和餐食一样是必须现付的，而学费可以拖延。不过军训结束后，学校又来催学费，否则下个学期学生证和图书证就无法注册了。

　　家龙是晚秋除父母之外最亲近的人了，高中同学里，也只有他会给她写信，她不能不管，于是她把本来要寄给父亲治病的钱汇给了家龙。交了学费后，家龙还面临着在北方过冬的问题，衣服鞋帽，他都缺，总不能穿着夏装去上课吧。于是晚秋又在广州白马市场给他买了些衣服，另外，还批发了很多袜子和衬衫，发了包裹给家龙，家龙便可以去各个大学宿舍里把它们卖了挣钱。

　　家龙事事不甘落后，虽是贫苦子弟，却不想在学校里暴露自己的贫困家底，让别人来怜悯他，这对于自己的形象塑造是不利的，所以他从不申请学校的困难补助。他参加各种社团活动，在社团里他得表现出南方男孩的活力来，最好能有郭富城的发型，还有五颜六色的新潮服装。他把那些袜子和衬衫用来赞助社团活动，送给很多人，对外就说自己家在广州做批发生意，这些新款会让自己的组织区别于其他社团。

　　那时候的学生很穷，一个月只要有几百块，就能脱颖而出，让自己看起来过得像个皇帝。同学们都以为他家得改革开放风气之先，是先富裕起来的那一批人，于是家龙在学校很吃得开，他时尚活力和大方开朗的形象，迅速让他积攒了人气，周边围绕了一批的学姐学妹们。家龙和男同学的交流比较少，只有同宿舍的许建强和他关系还不错。

家龙非常机灵，他知道有钱人会看穿一切，这些花花架子，是经不住见过世面的大城市女孩子琢磨的，于是他只与来自农村的女孩子交往，这些女孩看似自尊，内心里却充满了自卑，绝不会轻易花别人一分钱，但也需要得到别人的认可，而城乡差距的巨大，让她们感觉到，同样出身的叶家龙是一个适合交往的人。

家龙上大学后的第一个寒假到了，他并没有回老家，这个家给不了他任何支持，而是直接乘火车来到了广州。而晚秋也写信给父母说，春运太拥挤，往湖南方向的火车票早已售罄，汽车票涨了两倍，路也不好走，治安较差，自己一个女孩子还是不方便，就留在广州过年，同时懂事地寄上300元给父母过年用。回乡的姐妹很多，宿舍床位空出来一大半，晚秋和别人调剂了一下，空出来一个房间，让家龙能来和自己同居。

南方的春天来得特别早，年初一，晚秋和家龙一起去逛花市，一切都是欣欣向荣的样子，家龙抱着晚秋说她辛苦了，自己在学校会好好读书，毕业后来广州工作，赚很多的钱，然后他们就可以在广州安家落户了。晚秋特别开心，鲜花映着她的脸庞，绽放出了桃红色，这时她的身体恢复得不错，仿佛又是元气满满的美少女了。

他们在员工宿舍里添置了液化气罐和锅碗瓢盆，自己买菜做饭吃，既有小时候过家家的感觉，又有年轻人新当家的激动。家龙说，他们班的女辅导员及其研究生男友，在学校的宿舍里也是这么煮饭过日子的，每月工资只有两三百块，还得靠学校的饭票补贴才能过下去。晚秋听了，便觉得自己目前的工作和收入还是不错的，但她还是坚持认为自己应该上大学。

"叶公好龙"

元宵过后，家龙回西安了，这次他不用心虚了，学费、住宿费、书本费等等都缴齐了，还余下好几百元，"手中有粮，心里不慌"。他看见新华书店一排排黄色、橙色的书籍非常整齐好看，那是商务印书馆和三联书店的汉译文史哲名著，就买了几本带回了宿舍。不想刚好碰见社团的女生们来访，把他刚买的这几本书都给借走了。

家龙觉得这些书买得非常有价值，于是又去逛那书店。书店小姐姐耐心地向他介绍，说这些书都是一个系列的，最好一起买，比如西方哲学史、现代西方哲学等等。还有亚里士多德、柏拉图、康德、黑格尔、维特根斯坦、卢梭、洛克等等，这些人的书籍都不错，对于了解哲学的历史、了解西方的思想都是很好的素材，什么文科生必看之类。家龙算了一下，买一批回去要两三百块，就犹豫了，但小姐姐又说了，十本以上八折。家龙想起那些女生来借书时脸上感激的表情，就下定决心把书搬回了宿舍。

宿舍没有更多的桌子和书架可以放下这么多书，他便在床上靠墙摆了一排，很整齐的样子，又像军训时一样，把被褥枕头叠成豆腐块。宿舍其他同学也纷纷效仿，于是整个房间看起来就很漂亮，周末评比时他们竟然被评为校级模范宿舍，学生会来拍了照，放在校宣传栏展示。这样，慕名而来拜访家龙并借书的社团女生就更多了，他的床铺成了小小图书角。家龙终于狠了狠心，把剩下的钱都买了书，从床头到床尾都摆满了，书脊的颜色也非常统一。

他写信告诉晚秋，购书既可以丰富自己的知识面，又可以在学校扩大影响力，他现在参加了好几个社团，也进了校学生会，这笔投资是非常合算的。晚秋看了也非常高兴，觉得他一个农村孩子在大学里活动得风生水起，能力锻炼了不少。于是又把当月的工资都寄给了他，自己只留

100元，反正在厂里吃食堂不用钱，到下个月又发工资了，那时候，她打算辞职回老家去准备高考。

买来的那些书，家龙翻了两本，看不太明白，但他记住了几个句子几个词，在与人交流时他试着讲了讲，发现别的同学更不懂，于是觉得很有优势。但他对于这些书籍内容的吸收仅限于此，时间长了，他对于书名和分类更感兴趣。从大一到大四，这些书籍他大部分都没有读过，甚至没有翻开过。

有天傍晚，有个叫青枫的女生来拜会叶家龙，听说他的 mini 图书角非常有名，特意来观摩一下。家龙开始吃了一惊，乍一看以为是晚秋来了西安，这女孩酷似晚秋。他们去学校小树林里坐了一会儿，家龙觉得这女孩对他实在是崇拜得很，连说话都很紧张。接下来的两周里，他们常约着一起晚自习，既不在自己的系里，也不在对方系里，而是在各个教学楼里游走，今天是去外文系自习，明天就是去电子系自习，把学校所有的教学楼都"侦查"了个遍。终于，在一天夜里自习结束后，还是那个小树林里，家龙吻了青枫，女孩又惊又喜，一句话没说就跑回了宿舍。

家龙很懂得研究情报，他得到一条紧急而又重要的线索，就是那女孩的生日在 3 月底的周二。离这个日子没几天了，他赶紧去买了一个大大的抱抱熊，放在自己的床头，同宿舍的建强看见了，直夸他好懂女孩的心思，并告诫他，礼物一定要在女生楼下送才有价值，最好是吃饭时间站上半个小时，让大家都看见。接下来的那几天里，他恨不能时间快点走，甚至想跳过这几天，直接到女孩生日那一天，哪怕因此而少活几天也是值得的。那一天到来的时候，家龙先在女生楼下站了半天，炫耀展示这抱抱熊和一束花，然后才高调地喊青枫的名字。等青枫把这些抱上楼去后再下来，便一起去回民街吃晚饭，然后去鼓楼看电影。影院里几乎没有什么人，但他们还是坐在最后一排的墙角里。这天晚上，家龙回宿舍后，头脑中的第一个总结便是，人们都说关灯了女人都一个样，但青枫和晚秋长这么像，她们的身体竟然还很不同呢，这似乎激发了他对于女孩们更大的兴趣。

　　话说晚秋在广州番禺继续白天上班晚上学习，紧张而又热情地生活着，到了3月底的一天，竟然开始呕吐不止，一年半前的那种怀孕的感觉又出现了。看来自己是个生命力特别旺盛的女人，几乎次次中招，生活怎么能这么开玩笑呢？姑姑一辈子都想要个孩子而不得，晚秋不想要却每次都怀孕。这时她却接到家龙的来信，大概是说购书计划完成，非常感谢，但生活费还是很紧张，去另一个校区上课大家都骑自行车，而自己得走路之类，虽没有直接开口要钱，但晚秋看得出来那个意思。晚秋当即给他写了回信，责怪了他一顿，说他又害自己怀孕要打胎的事情，另外这月工资要下月初才发呢，书不要一直买，不是可以去图书馆借么？自行车再等等吧，为什么不买二手旧车呢？晚秋这时候觉得自己不仅仅是家龙的女朋友，还是他妈，要养着他，要给他"母爱"，然而却不拥有任何权利，得无私地奉献，因此语句中不免抱怨起来。

晚饭时间，她去打电话给家龙，可是接电话的宿管大爷说他们宿舍没有人，于是11点宿舍熄灯前时她继续打电话过来，大爷说家龙依旧还没回来。晚秋大概没有想到，这时家龙正在电影院里与一个酷似她的女孩抱在一起呢，而且，家龙用她赚的钱给这女孩买了抱抱熊。

第二天，晚秋请了假，向姐妹们借了300元，去医院做了人流手术，一个人回到宿舍楼下，只爬几个台阶，她便感到十分恶心，然后一阵昏天黑地，晕倒在楼梯口。

这次她没法休息，因为身无分文，不上班就没法去食堂吃饭。她虽然总是对生活充满了热情，但此刻，她感觉到了悲伤，一是因为身体的因素，二来也是因为两次电话都没有找到家龙，却又收到这么一封·"讨钱"的信。

晚秋推迟了回老家的计划，继续上了两个月的班，五月底，她才回到原来的中学。晚秋转换了方向，决定考文科，家龙给她寄了几本书籍，说是帮助她高考，但这些书籍似乎和高考没什么关系，例如一本卢梭的《论人类不平等的起源》，还有一套钱穆的《国史大纲》，家龙说是看了这些书，就会对高中的文史哲知识有更好的理解。但晚秋觉得这些书虽说很高大上，在这冲刺的环节，却解不了近渴，她做题时用不上，作文时也用不上。她觉得家龙上了大学了，眼界高了，都不太愿意对她做一些学习上具体的帮助了，哪怕是在西安的书店里买一些重点中学的高考模拟题也好啊。

7月，晚秋参加了高考，依旧是名落孙山，虽然只差六七十分，但是少在了数学和外语上，晚秋觉得这两门课的差距是硬伤，自己再也没有希望了，于是彻底死了考大学的心。8月，她回到了原来的工厂继续上班。家龙这个暑假没有回家，也没有来广州，只是写信安慰她，说社会大学更能学到东西，他会对她负责的，等一毕业，他就来广州工作，和她结婚。晚秋对于这样的精神鼓励很依赖，她希望有人告诉自己，人生还是有前途的。同时，她觉得家龙和自己之间只要有一个大学生就够了，对于未来孩子的教育应该没有影响，将来她可以通过自学赶上的，家龙总会帮助她进步的。

"在那枫叶飘零的晚秋"

事实上，叶家龙这个暑假留在学校的原因并不是省钱，而是为了有机会认识更多的女孩。而且家龙这四年里从没想过接晚秋来学校感受他的校园生活，他要充分享受大学的自由时光，不能让人知道他还有一个"未婚妻"，但他却能在每一个寒暑假时自由地选择是否去广州看看晚秋，理由只是"我想你了"，或者，"想给你省一点钱"。

他已经形成了一个套路：认识不太自信的女孩，或者打击一个女孩的自信，让她在自己面前感到自卑，然后再利用自己的优势占有她，随后，制造一些冲突，让对方感到"性格不合"，主动离开他。这是他从琼瑶的作品中"学习"到的方法，虽然作者并没有讲过这样的方法，也并没有任何这种的意思，但家龙自己悟性高，总能从中总结出独到的见解来。这个奥妙他轻易不告诉人，除了有一次喝醉了对许建强说过之外。

大学时光说长不长说短不短，就像90年代的一句歌词："你总说毕业遥遥无期，转眼又各奔东西"。眼看就要毕业，家龙也开始找起工作来了，他学的是经济管理，入学的时候是热门专业，而毕业时却赶上了东南亚金融危机，连带着国内就业不景气。

　　家龙原本是要去广州找工作的，学校办的招聘会他便不太上心，只是去看一眼，恰巧碰见有个西安本地的广告公司女老板来做校园招聘。这女子相貌美艳，看起来也只有30岁出头，言谈举止却很有气度，她招聘的岗位很特别，叫做"合伙人"，这个说法在90年代的西安绝无仅有。于是家龙走上去和她攀谈起来，相谈甚欢，这女子便邀他第二天来办公室面谈具体事宜。

　　离毕业还有几个月，家龙已经在这家公司"实习"起来。公司不大，只有十几个人，但女老板似乎看不上其他人，只信任这个尚未毕业的大学生。家龙也有工资了，而且收入水平能赶上广州，他意气风发，立即从学校里搬出来住，和室友许建强在公司附近合租了一套两居室的房子，开始正儿八经地上起班来。家龙写信告诉晚秋说他改变主意，不想去广州了，认为在西安拥有同学资源，更有利于自己发展，要晚秋搬来西安。

几个月后，家龙毕业了，晚秋也乘火车第一次来到西安，她对北方的城市既陌生又好奇。家龙把晚秋领进住处，自己先去洗手间打扫，准备洗澡，晚秋便在客厅里打量起来，尤其是对那暖气片感兴趣。这时正巧碰见建强出差回来，建强之前并没有得到消息，不想一见面就瞪大了眼睛对着晚秋喊了一声"青枫！"家龙连忙出来给他们俩相互介绍，这才缓解了尴尬。

　　家龙趁周末，带着晚秋游玩了华山、兵马俑、古城墙，星期天晚上去回民街吃羊肉串喝啤酒，晚秋第一次感受这样的西北风情，觉得很有意思，尤其是看见店里那"biang biang 面"几个字，就特别有感觉。晚秋觉得家龙描述的女老板有些怪怪的，但也说不上什么来，她觉得家龙一定是爱她的，否则不会一毕业就接她来西安。

　　第二个月，家龙便失业了，并且被找上门来的人一顿打。原因是这女老总并不是这家公司真正的老板，而是一个香港人的"小三"，因为老板长期不在西安，便把西安的广告公司暂时交给"小三"打理。然而原配夫人终于发现了，便来西安驱逐了这女子。那老板也跟着过来，原本是安抚这"小三"的，不想公司下属告诉他，这女子豢养了"小白脸"，说的正是叶家龙。家龙提前得了消息，便躲在家里不再去上班，但还是有人提供了住处的地址，那老板便带着人打了过来，当着晚秋的面，把家龙打得鼻青脸肿，跟猪头一般，如果不是许建强在旁边劝架拉着，只怕会伤得更严重。

晚秋又惊吓又生气，当下也无法质问家龙，就用冷毛巾帮他敷脸，让他休息了一夜。第二天家龙支支吾吾地做了些解释，大概是他和那女人之间什么事也没发生，只是那同事因妒忌而造谣之类。然而当晚那女人就来看望家龙，晚秋看她那关心的态度，以及将手放在家龙额头上感受体温的那种体态动作，便明白了七八分。显然，那女人也不想继续下去，只当作告别仪式，来看家龙的情况是否严重得不可收拾，另外来瞅一眼这男人的"小媳妇"长什么样。

这时西安已进入秋天，虽然不算太冷，但晚秋已经从内到外都感受到了透顶的凉意。既来之则安之，她并没有立即要求家龙兑现诺言一起到广州去。她原本想，有爱之处，有家龙的城市，便是可以成家的地方，其实对什么城市并没有什么要求。她在广州也只是个打工妹，没有房子没有户口，只是熟悉一点而已，她相信自己也能适应北方的生活，虽然这里以面食为主。现在发生的一切都和她的想象大相径庭，她伤透了心，但不想就这么拂袖而去，这是他们计划了四年的生活，就这么放弃太不值了。她心思重重，开始忧郁起来。

许建强的单位需要人，于是把家龙介绍过去，两人便从同学室友继而又成了同事，上下班都同步同行，更加亲切起来，他们常在客厅里一起就着水煮花生、油泼面喝扎啤，晚秋也会加入进来，适应这北方的饮食习惯。

建强和晚秋的接触也渐渐多起来，才了解到她和家龙是从小一起长大的，高中时就在一起了，便在内心里对家龙在大学里的泡妞行为颇有几分不满。他心想，自己当年还帮家龙出主意怎么追青枫呢，结果青枫后来也被家龙抛弃了，怪可怜的，还有其他的那些女孩……这么想着，便对家龙产生了几分厌恶，而对晚秋却颇有几分好感。

叶家龙在新单位的工作开展得不顺利，这并不是因为没有产生业绩，而是他和主管之间发生了很多矛盾冲突。家龙到新单位不到两个月，和大家熟悉后，就开始对一些事情提出了批评，并和不同部门的"意见人士"走到了一起，常常在午餐的时候一起议论单位的公事和私事。他的主管有所耳闻，告诫他做好自己的事情即可，不该了解和传播那些传闻中的事情。家龙虽然还没有什么成绩，却看不惯他的主管，因为这主管只有中专学历，也不会说普通话，满口陕西方言。他觉得主管的业绩是历史形成的，就是以前人少，事情落在他头上，才做成了单子而已。许建强则认为家龙的主管是守成型人才，而不是进攻型人才，但一个组织里面，这两种人才都是需要的，家龙属于进攻型的，但没有必要瞧不起自己的主管。但是家龙还是和自己的主管发生了言语冲突，主管并没有特别介意，也没有向上级作汇报，家龙便更加骄横起来，终于有一天，大领导来他们的办公区时，恰好听见他们在争执，了解情况之后，便把家龙开除了。

于是他们在经济上又陷入了困难的境地。许建强提出这几个月房租家龙先不用管了，然后又借给他一千元应急。家龙坦然接受了，然而却将这钱自己收了起来，并没有告诉晚秋。晚秋来西安时也带了点积蓄的，这时正好派上用场，平时买菜做饭都用自己的钱，这时已经入冬，晚秋并没有适用于北方天气的羽绒服，于是就穿上两件从湖南带来的薄棉袄，样式又非常土气，已经非常瘦弱的她，这么穿着之后，竟然显得臃肿而笨拙。家龙没有了工作和收入，却四处结交了些不靠谱的人，说要成立广告公司，但他们当中谁也没有一个像样的客户，整天吃吃喝喝到深夜才回来。晚秋便与他争执，两人开始拌起嘴来，几次三番，闹得越来越厉害，越来越不像话。建强看在眼里，却不好说什么，只为晚秋着急。

　　其实早年青枫来找家龙时，建强看见青枫也心生几分喜欢，家龙抛弃青枫后，他本来也想安抚几句，但想到毕竟曾经是家龙的女人，还是打住了。这次晚秋过来，遭遇目前的困境，他很是同情，于是将他对青枫的追忆，一起倾泻在晚秋身上。家龙不在时他偶尔会安慰安慰晚秋，陪她说说话，听她倾诉之前的故事。

　　有一天，家龙和晚秋吵架吵得实在凶，家龙竟然动手打了晚秋，晚秋又急又恨，想着这些年都养了白眼狼，一辈子都给家龙毁了，躺在床上喊叫不停，样子很像是精神病发作。建强忍不住，给120打了电话，电话里医生初步判断是癔症，问要不要派救护车来，却被一旁的家龙阻止了。于是建强只好听着晚秋喊叫了大半夜，直到筋疲力竭睡去。

　　第二天是周末，叶家龙一早出去了，晚秋先是收拾自己的房间，后是拿着一沓信笺，去厨房点火烧掉，建强闻到烟火味，就来看看究竟。

　　晚秋说这么多年的感情，还真不甘心，不知家龙为什么成这样了，是不是工作不顺压力太大导致的。建强劝她别烧了，晚秋便递给建强一封信件，说这是当年自己最艰难时写的信，那时都没想着放弃，自己把打工赚的钱都给了家龙，打胎后没有钱吃饭，只好第二天还得去上班。建强接过信，看那娟秀的字体写着的日期，正好是青枫的生日。他看完整封信，难以抑制心中的愤怒，便把家龙和青枫的事告诉了晚秋。晚秋大惊失色，原来家龙所做的一切比自己的想象还要恶劣，他们又一起重读了之前晚秋和家龙的其他往来信件，家龙的谎言被建强一一揭穿，晚秋几乎要晕厥过去。

晚秋收拾好自己的行李，要回湖南老家去。建强把她送到西安火车站，这时的晚秋已经瘦弱得不成样子了，脸型从初来时的圆润，变得削瘦而可怕起来，看上去已经和"可爱"没有什么关系了。

几个月后，建强收到一封晚秋的来信，说自己在老家帮表哥做事，就是小学毕业时她代考的那个表哥，他承包了自己原来上高中的那所学校的食堂。日子过得还算安稳，家龙回来找过她，但她再没有与之谈话的愿望了。

第二春

1999年，晚秋再次来到广州。

经过在家一年多的休养，她的脸型终于恢复了之前的圆润可爱，毕竟，她只有24岁。原来的姐妹们介绍她去佛山一家陶瓷厂打工，在这里，她成为了一家著名陶瓷品牌的展厅销售代表。她身着职业套装，那种质地很好的黑色小西服，显得她的脸庞非常白皙，而且她们经常练习站姿，她的体型比以往任何时候都要好。

这里的市场经济很繁荣，只要努力，就会有收获。晚秋的业绩相当不错，千禧年到来的时候，她成为了"最佳展厅销售代表"，并获得了公司的金牌员工奖，那是用纯金打造的真正的金牌，上万名员工中只有50人能获得。他们被公司送往佛山科学技术学院的陶瓷专业学习，并在几年后获得了本科学历。虽然不是全日制的大学学历，但后来晚秋拿到那张文凭的时候，还是有些激动和感慨的。

中学时代，她原以为会考上一所名牌大学，然后走向大都市发展，没想遇到渣男，大学都没考上，后来赔钱又堕胎，她隐隐中一直觉得对不起那两个小生命。到佛山之后的路，她没法假设得更多更远，但相信自己绝不会像前几年一样，趟过一个坑又一个坑。她的90年代，像是一条曲线，从巅峰跌到谷底，然后反弹起来，终于在世纪末恢复了自己的一点点"骄傲"。

　　她有个管供应链的同事举办婚礼，是在石湾对岸的南庄镇一个村落里进行，这里有浓郁的岭南风情，村口一棵大榕树，树下有座小寺庙，庙前也已张灯结彩起来，姐妹们约她在这里汇合。她下车之后，却没有见到姐妹们，倒是有一位脖子上挂着金链子的大叔迎了上来，笑嘻嘻问到："是晚秋吗？"晚秋疑惑地点点头，大叔说她的姐妹们已经进去了，他是专门在这里等她的。晚秋想这个地方也不会有其他人知道自己的名字，便跟着这人往村里走，但心里还是有点毛毛的，因为这人像极了港片中的"大傻"，只是眼神没那么凶神恶煞而已。

　　"大傻"除了脖子上的金链子之外，手腕上还戴着黄花梨的手串，留着寸头，上身着花衬衫，倒是没敞开，而是扣得整整齐齐的，一条黑裤衩，扣着爱马仕的皮带，不知真假，脚上竟然没有穿人字拖，而是一双崭新的皮鞋，然而却没穿袜子，连着那"飞毛腿"，看起来很扎眼。晚秋落下半个身位，右边隔了两米远跟着走。

　　"大傻"似乎感觉到晚秋害怕他，连忙笑着介绍自己道："我是给你们厂供瓷泥（zini）的，不是这个村的，也是来做客的，放心好了，不用害怕，今天这里请酒，不会有坏（fai）人的。"说完就哈哈哈的，脸上堆满了傻傻的笑容。这样的笑是一种示弱、示短，仿佛在说"你看我笑这么傻，还能是坏人么？"晚秋于是也笑了，加快了步子，跟上了"大傻"。不过她没听清楚"瓷泥"二字，听成了"zini"的发音，并不知道他说的是什么。

入座后，晚秋那一桌，右边是三个姐妹，左边便是"大傻"。晚秋不敢喝酒，用可乐来冒充红酒应付一下。右边三人一直叽叽喳喳不停，晚秋也插不上嘴，左边又是生人，她便只好端着坐着，暂且充当个淑女好了。

可是如此一来，显得左边这位男士越发大大咧咧了，他主动和晚秋说话："我是卖瓷泥（zini）的。"

晚秋睁大了眼睛侧起了耳朵听，还是没听明白。

"大傻"见她还是一脸疑惑，就继续解释到："我是卖瓷泥（zini）的……就是卖泥巴的，哈哈哈哈。"

这回晚秋总算听明白了，她做了个抱歉的表情，然后点了好几下头，说："哦，我明白了，你说的是瓷泥，这是个大生意啊，佛山这么多陶瓷厂，一年要用多少瓷泥啊。"

"没有啦，我们只是其中一个小小的供应商啰，做泥巴的人也很多哇。"

晚秋觉得广东人的普通话说起来总是挺好玩的，特别是像"大傻"一样凶凶的人这么说话，尤其有效果。

席间"大傻"谈笑风生，把小姐妹们逗乐了一次又一次。晚秋在一边观察，她觉得，"人不可貌相"这个俗语，用在他身上是再合适不过。这人肯定干过坏事，但也肯定不是什么大坏事，偷税漏税、吃喝嫖赌少不了，不过打打杀杀的事情估计也做不来的，而且"大傻"讲的事情里提到过很多次家人和亲友，对老人很尊敬，从他的谈吐来看，说明即便没有读过什么书，倒还是有几分基本的家教，并且有相当的社会经历，还是很懂礼貌很有爱心的。

"大傻"的人缘非常好，在佛山、广州一带有自己很大的交际圈子，之后的周末他常通过几个姐妹约上晚秋一起去爬西樵山，游南风古灶，或者陪大家去祖庙逛街买衣服，有时也开车带大家去顺德品尝美食，晚秋最喜欢吃那里的双皮奶、伦敦糕。

晚秋终于明白，这个"大傻"从一开始就是冲着她来的。而"始作俑者"，便是她那几个姐妹了。以她对这几个姐妹的了解，便可以推定"大傻"不是什么坏人。姐妹们提到，"大傻"其实年龄并不大，只是看起来比较老而已，其实刚刚40岁。大傻20岁出头时结过一次婚，是父母做主让他娶了同村的一个姑娘，然后他出去跑运输，老婆留在村里看家做家务。那时跑长途还挺能赚钱的，他跑的是澳门线做蔬果供应，然后就在澳门学坏了，吃喝嫖赌的，钱和房子都败光了，老婆便和他离了婚。"大傻"排行第六，父母是近50了才生了他这么一个儿子，本来年纪就大，身体不好，被他气了一下，一两年内先后病逝。也许是众叔公和姐姐们的教诲起了作用，也许是出于对父母的愧疚，"大傻"真的改了，对于棋牌像瘟神一样地躲着，并且开始跟着家里的亲戚做起瓷泥生意来，他做得还不错，赚到的钱退休养老是没问题了，只是婚姻上一直没解决。佛山女子比较传统，还是觉得他太大大咧咧，大家都认可他改好了，人也很热情，做朋友不错，但说起要嫁给他，都觉得还是算了。

"原来如此。但是在我也是一样的感觉啊，为什么我就要嫁给他？"晚秋心里这么想着，怪姐妹们把自己当做外来妹，似乎降了一等，觉得她和"大傻"是相配的。

做媒确实是门学问，一般男女婚配，从表面上看是讲究个门当户对，从心理学上来说，也讲究心性匹配，各方面的品味要大致相当。你给朋友介绍什么样的人，就等于你认定自己的朋友是什么样的人了，如果那人品质太差，或者不够优秀，你的朋友内心就会犯嘀咕："原来在你的眼里，我就这样差啊？！"结果连朋友关系都疏远了，这做媒的人还没想明白是怎么回事。

晚秋觉得自己的内心没有那么"粗犷"，她要的是细腻一些的男人，这样的男人虽说有时会让自己怄点气，但是有交流，亲近。那叶家龙当年就是太细腻了，什么女人都能沾得上，让自己攒了足够怄一辈子的气，这时都还恨着。

说起做朋友，"大傻"也不傻，不是碰到什么女人自己都愿意和她做朋友，一般的人，一来二去，礼数到了即可，被人一直吊着，那是极不合算的，不但耗费自己的"青春"，还会将耐心和激情消耗掉。

可是他却甘愿做晚秋的"备胎"，哪怕被她呼来喝去，自己赴汤蹈火，也是愿意的。他认定自己只喜欢这样的女人，既有历练，又坚守自我，既风姿绰约，又淑庄大方，在家里看着顺心，带出去也有面子。

但晚秋通常却极其自立，不轻易求人，既不借车，也不请人搬家，更没有急病要送医院什么的，因此这"备胎"看起来连备着的必要都没有了，这才是"大傻"最急切的痛点。要让自己相貌堂堂，成为谦谦君子，博得她的欢心，只怕是要下辈子的事了。

往往矛盾都不是从自身解决的，而是通过外力消化掉的。"大傻"对晚秋的感情也是如此，不进则退，总归有化解的时候。其实"大傻"也有人追的，那女人就是"凤姐"。

"凤姐"是混过风月场的女人，老家贵州，35岁左右，脸型酷似许晴，只是没那么白，水蛇腰，肩很宽，但屁股比肩还要宽。之前的事没人了解，只知道她后来做过妈咪，号称"石湾一姐"，后来改做餐饮，是那种24小时营业的火锅连锁店老板。第一家店铺开业时，整个石湾镇的风俗行业大佬们来祝贺，她的火锅店几乎成了业内的"宵夜定点单位"。后来"凤姐"就不愿意再张扬了，她要做正儿八经的生意。火锅业是"铁打的营盘流水的店"，一般长则三年，短则几个月，很难长久的，只有"凤姐"的店铺七八年来一直很红火，规模越来越大，装修也越来越好，还开了好几家连锁店。

"大傻"和"凤姐"当年都是"在外面混"的人，大家理所当然地认为他们俩早就认识了。其实不然，他们真的是后来吃火锅时才认识的，"大傻"当时已经开始"玩泥巴"了，这个产品比较"低端"，常去火锅店招待朋友们，他的嗓门和说话风格，自然会引起"凤姐"的注意。

"凤姐"和"大傻"属于怎么聊都合得来的那种，相互帮忙不少，是心心相印的红颜知己。"凤姐"觉得自己和"大傻"有类似的经历，分别走过弯路，然后彼此都有缺陷，会相互包容和体谅一些，"浪子回头金不换"。但她不知道的是，这"浪子"单指男人，这"金不换"也不太用在女人身上；"大傻"一心想找个"历史清白"的女人。

　　晚秋出现后，"凤姐"便加紧了步伐，持续在"大傻"身上用招。最终，老男人不比年轻男人"贱骨头"，还是看重温情多一些，才需要枸杞茶和保温杯。一边是晚秋的冷若冰霜，一边是"凤姐"的热情似火，"大傻"最终还是从了。其实他是"捡到了宝"，"凤姐"一直对他很好，两方的人脉合起来，对生意也大大有好处。

　　"凤姐"还是认为自己"赢了"，她认定晚秋是以退为进的，存在竞争关系。于是她觉得自己应当大度些，在婚礼上，安排晚秋入座主桌。主桌上没有双方父母，但有"大傻"家的族长，还有"凤姐"的表姑，然后便是双方的"贵人"们，其中有高官，也有石湾陶瓷界的大佬。只有两个人例外，一个是晚秋，另外一个是东莞某电子厂的老板，台湾人李蓦然。

　　李蓦然是"大傻"的朋友，祖籍佛山南庄，头发全白了，其实他只比"大傻"大几岁而已，这可能是遗传的。李蓦然人很儒雅，新郎新娘来敬酒的时候，言辞极为贴切，晚秋头一回在生活中见到这么有礼貌而又有学问的人。

他的工厂为全世界的硬盘生产磁头，这是个特别精细和高附加值的产品，工厂规模很大，也很现代化，自动化程度很高，里面厂妹少而工程师多。

主桌的领导和大佬们在仪式过后就离开了，新郎新娘开始去各桌"巡回"敬酒，桌面显得很空，族长在和表姑聊天，剩下只有相邻的李蓦然和韩晚秋了。

这时的李蓦然说话要亲切多了，让晚秋觉得很欣慰，她原本当心这个董事长会很高冷，继续用标准的台湾普通话，讲述"硬碟""磁头"等她听不懂的名词概念，没想到完全没有。他只是像一个大哥一样说些家常话，给她夹菜之类，让她倍感亲近。

婚宴是很不同寻常的，全场都是大红色，播放着广东音乐"彩云追月""步步高""旱天雷"等，仪式、敬酒过后，大约半个小时就结束了，整个过程加起来也不过两个多小时，并没有晚秋原来预想的双方员工一同来贺，不醉不罢休的场景，更像是单位的酒席。在座似乎都是些有身份的人，总共也就几桌，在祖庙边一个很体面酒楼的大包厢里，也没有司仪来说那些场面话、废话，几乎全程都是"大傻"和"凤姐"自己在主持，双方说的也是平常话、心里话，除了三拜及合影之外，相当于好友见面会。

酒席结束后只有8点多，"大傻"和"凤姐"没有去"洞房花烛夜"，而是在作别宾客后，邀请李蓦然和韩晚秋，四人一起去附近一个小楼喝茶。这茶楼是座清代的建筑，整个二楼只有一个包厢，里面的装修极具岭南风情，典雅而奢侈。

晚秋对这样的安排有些疑惑。却万万没有想到，落座之后，第一杯功夫茶刚过，"大傻"就开门见山说明了意图，他和"凤姐"今天特意借喜事为李蓦然和韩晚秋做媒。为什么呢？因为两人生活的圈子差异太大，如果要他们俩自己相互熟悉，相互试探，再走到一起来，不知要"猴年马月"了，鉴于之前的经验教训，决定加速他们俩的关系，让他们直接从谈婚论嫁开始考虑，然后再开始交往。李蓦然很镇定，只有晚秋觉得很惊讶。

看起来李蓦然事先是知情的，只有韩晚秋蒙在鼓里，于是她闹了个大红脸。但是并没有生气，她知道他们是为她好，而且在刚才酒桌上，她对这李蓦然已有了七分的好感。对于晚秋的情况，看来他们已经向对方介绍过了，于是晚秋先保持沉默，三人轮流讲述了一些李蓦然的家世：比晚秋大整整 20 岁，原配太太早年是个千金小姐，前年病逝的，有一男一女两个孩子快上大学了，在台湾有四个老人看管着，不会参与到李蓦然后续的婚姻中来……

时间过得很快，转眼快过零点了，于是谈话结束，晚秋当下表示了感谢，婉转地表达了可以一试的意思，于是三人一起将晚秋送了回去。晚秋到家后内心里又惊又喜，思索了一夜……

接下来的一个周末，晚秋和"凤姐""大傻"一起去东莞参观李蓦然的工厂，并在那里附近的酒店住了一晚。从此，李蓦然和韩晚秋开始单独交往。

这似乎是旧式做媒习俗在现代社会的回归，具有相当不错的效果，兼顾了"效率"与"意愿"，晚秋没有想到，如此高超的创意，竟然来自这样的两个人。看来有些事就是大家想复杂了，以至于寻思了许久而不能下手。

大概感情的事和做生意类似，总得有个突破，打破均衡，才能做成。不怕尴尬，也不怕坏事，才能加速两方的关系。

半年后，李蓦然和韩晚秋举行了婚礼，开始了他们的"第二春"。

后记："圣母"与"渣男"

晚秋的故事基本上可以分成两个阶段：

第一个阶段是她 22 岁之前。

对于大多数女性来说，少女阶段的意识和家庭环境的关系非常之大。晚秋出生于农民之家，见识不多，更谈不上人生阅历，她有一种很质朴的善良，我们可以理解为这是父母给她带来的品质。同时，学校似乎只教授知识，在此之外做不了更多的事情。晚秋的善良被叶家龙充分利用了，晚秋养了他四年，供了他四年大学学费。按说，这是一份恩重如山的情感，换了其他人，需要用一辈子来偿还。而叶家龙毕业后，表面上要和晚秋一起过下去，实际上非但没有任何付出，还把晚秋坑得更惨。或许这不是他的本来意愿，但事实就是如此，好比大部分"老赖"都说自己真心想还钱，但能力不足，就是没有钱。

晚秋完全没有义务供养他，他们之间并没有婚姻关系，但她连一张欠条都没有要求，反而当成是自己应该完成的"夫妻义务"来执行。我认为这是传统教育在她头脑中刻下的印记太深：只要"爱"，便可以无私奉献一切。在实际生活中，这种为爱而无私奉献的女性，极大概率会被人骗得一无所有，输得一塌糊涂。

"人之初，性本善"，早期的民间道德体系正是基于这个理念形成的，这种预设的善，预设的"家庭"意识，是导致晚秋悲剧的根源。如果道德体系是基于相反的基本假设，那么毫无疑问可以避免这种情况的发生。更为可悲的是，这种社会观念既错误地预设了善的前提，又无纠偏机制，导致晚秋这样的女孩一退再退，家龙这样的渣男一进再进，双方都以为理所当然。一个忽视制度保障，忽视纠偏机制的社会，就容易走向道德败坏，使善良友爱往往成为邪恶贪婪的牺牲品。

晚秋在高中阶段遇到一点感情波动后，特别是遇到怀孕这个事情后，就像遇到海上风暴的小船，没有一点抵抗力，立刻翻船了。按现在的话来说，就是没有一点抵御风险的能力，而她的父母在整个过程中没有起到一点积极作用。现在中国还有多少年轻女性处于这种无保障的风险当中？还有多少父母对年轻的女儿没有足够的注意力？当然无法统计，可以肯定，数量是千万级的。只要遇到点风浪，就会出现无数类似的故事，这些故事，将带来无数的社会问题。

为什么晚秋恋爱后会觉得有负担？为什么会一再轻易地怀孕？她为什么会感受到一种无形的压力？纵观古今中外，绝大部分历史时期，女性在15~20岁之间都是正常的恋爱、婚育期，为什么我们会觉得不正常？为什么要让孩子们孤独地承受这些压力、负疚感？

类似叶家龙这样的"渣男"又有多少呢？也应该是千万级。每一个渣男，都至少对应着一个或多个女孩的血泪史，就是说，这样的故事数以千万计。不知有无人研究过"渣男的诞生"？在这个故事里面，叶家龙并不是天生的"渣男"，他是被"善意"引诱成"渣男"的。小学的时候，他爱慕晚秋却无法和晚秋成为好朋友，于是在她裙子上滴墨水，这是恶意的开始，但却无人在意。高中的时候，他让晚秋怀孕了，没有承担任何责任和压力，于是上大学时让晚秋再次怀孕似乎就"习以为常"。他甜言蜜语地向晚秋要钱，屡屡获得成功，然后用这钱来打扮自己，满足虚荣心，然后发展到用晚秋打工赚的钱去给别的女孩买布娃娃。当肆无忌惮的谎言可以换取极大的好处，道德就崩溃了。晚秋是他的"衣食父母"，他被宠坏了，终于在走向社会时碰到了大钉子，因为习惯了投机取巧，所以每一份工作都以他被开除而结束。然而叶家龙却将怨气都撒在了晚秋身上，对她实施暴力，这时的晚秋又自卑又怨恨，终于被折磨得不成人形。

或许有人会责怪起晚秋来，认为她是"圣母病"，是她的善意和退让造就了这个"渣男"，我觉得这种想法非常过分，但又不得不承认其有一定合理性。"慈母多败儿"，可没听说过"贤妻多败夫"，可见她付出了一切，充当的竟然是溺爱孩子的"坏"爹妈角色。晚秋什么名分都没有，竟然招此恶名，真是可悲可叹。年轻的晚秋满满的善意、满满的"母爱"究竟从何而来？

至于叶家龙的恶意从何而来，我想用"人性本恶"更容易得到解释。恶与生俱来，潜伏于每个人的内心，永远不可消灭，只要能找到生存空间，恶就会肆意生长。要成为一个道德高尚的人并不容易，需要艰苦地修行，而要成为一个恶人则很简单，只需要像野草和细菌一样野蛮生长就可以了。"魔戒"系列电影就体现了这种思想，它告诉我们，恶无处不在，善永远不会有彻底胜利的那一天。人类的美好必然与无时无刻存在的恶相伴，不断地战胜自己内心的恶，才能拥有美好的心境和生活。

如果一个社会总是在提倡善意，提倡道德，而无实际有效的惩恶扬善机制，那么就是在纵容恶，用营养液培养细菌，以善养恶，这是大恶。但也许善恶并存，才符合"上帝"的利益，这样的世界才有他存在的必要。

第二个阶段是晚秋22岁之后。

晚秋之前的生活环境是非常封闭的，一切为了高考的乡镇中学，流水线似的工厂，交往的人仅限于叶家龙、父母、老师、同学和厂妹，她的视野非常狭窄。

到佛山之后，这种情况彻底改变了。作为知名陶瓷品牌的展厅销售代表，她可以接触到各式各样的人，这样的岗位拥有很好的市场机制，只要努力，就会有回报，晚秋的自信心得到了恢复。她获得金牌员工的奖励，进修了大学学历，这一切都得益于开放的工作和生活环境。

我们可以看到，这两个人生阶段的晚秋，就像是换了一个人。

之后的晚秋，对于婚恋具有很理性的认识："大傻"并不能体现自己的内心，一方爱慕而另一方感动的情感注定不会长久，需要更踏实的内涵来填充，这内涵就是对方能够代表你的内心，他得是另外一个"你"。李蔓然就体现了"晚秋"的内心追求。她曾经非常优秀，文采斐然，崇尚知识，追求完美，如果她是一个男人，如果再回退二十年，有良好的生活条件，她会是又一个"李蔓然"。

然而现实是晚秋的家境并不好，起点也不高，她拥有的只是年轻、良好的外形、积极向上的精神。李蔓然拥有良好的出身、财富、生活历练，但青春不再。对于双方来说，嫁娶一个完美的人都不是现实的最佳选择，也许彼此正正好，于是他们走到了一起。

晚秋的故事告诉我们，成为"歧途佳人"固然不幸，但并不意味着万劫不复。不用等待上帝打开另一扇窗，试着从更高的视野看待自己的人生，彻底远离原来的环境，努力一定带来新机遇。生活就像奥特曼打小怪兽，永远不会让我们称心如意，麻烦总是在不断地涌现，小怪兽的变形和升级永不停歇，要想赢，就得不断向前奔跑。

阿香的故事

妈妈的长发

1939年，潮汕沦陷，与香港等地的海上联系被切断，失去了重要的稻米来源，渔民被禁止在海上捕鱼。1943年，广东潮汕地区在日本人的占领下发生了严重的饥荒。从1939年到1945年抗战结束，潮汕地区一共有100万人饿死，200万人逃离家乡。

在逃难的人群中，有一个抱着布娃娃的小姑娘阿香，她九岁了，圆圆的脸，大大的眼睛。阿香的家被日军飞机炸毁了，爸爸也为了救孩子们而被永远地压在了废墟下面。妈妈害怕孩子们被饿死，就只好含着泪把三岁的弟弟阿成送给了一个好心的邻居。而阿香是女孩子，没有人愿意领养她，就只好跟着妈妈去逃难。

没有车和马，她们只能靠双脚走路，每天要走好几十里地，渴了就去喝山泉水，饿了就只能去地里挖红薯吃，因为没有火，她们只能生吃，阿香觉得也挺脆挺甜的。

中秋节的前一天，他们来到了一个小镇，这里的集市挺热闹的，还有留守政府提供稀粥给难民们喝，她们就停下来休息。妈妈这才发现，阿香的鞋子磨破了，脚也肿了。

妈妈带着阿香住进了一座小寺庙，阿香躺在妈妈的怀里，仰头看着四大天王的塑像，觉得挺可怕的，用手捂住了眼睛，问妈妈："他们是什么人，为什么那么凶啊"。妈妈就给阿香讲西游记的故事，讲到孙悟空把四大天王都打败了，阿香也就不那么害怕了，高兴地睁大了眼睛，她左手抱着布娃娃，右手抚摸着妈妈的头发。

阿香的妈妈有一头乌黑而齐腰的长发。阿香小时候最喜欢做的游戏，就是给妈妈扎各式各样的辫子。每天晚上，爸爸都会给阿香一个任务，给妈妈扎一种指定式样的辫子，心灵手巧的阿香总是能很麻利地完成。游戏结束后，阿香还会给妈妈梳头，妈妈就奖励给她一个小发卡。

"妈妈，你的梳子呢？"阿香想起来，她们的行李包袱里面并没有梳子，她只好用手指给妈妈简单地梳理了一下头发。

"嗯，估计快用不上了，头发没以前光亮了"，妈妈说。

"不，我觉得更漂亮了呢，而且黄黄的，这颜色有点像前两年在汕头见到的那个英国阿姨的头发呢"，阿香这样安慰妈妈。

第二天，妈妈让阿香呆在庙里不要出去，自己去镇公所门口排队领粥去。逃难来这里的人越来越多，排队的时间也就长了，到后面，粥也要稀得多了。得早早地过去，在没有开门前就排上队。

寺庙外面就是集市，山民们把地摊和挑的担子都摆到山门里来了。阿香就坐在天王殿和山门之间的小院子里晒太阳，小地摊上的商品很丰富啊，有卖糖果的，有卖竹编的，也有卖山上采的野果子的，还有买小鸡苗的，好多好玩好吃的东西啊。虽然沿海地区战乱不断，但是一点儿也不影响这里的繁荣。阿香被小摊上的一把牛角梳吸引住了，这很像妈妈的那一把，月牙形的。妈妈说，用牛角梳头对头皮有好处，潮汕人都用牛角梳的。

阿香就想，如果自己还有零花钱该多好啊，这样就可以买下这把梳子，送给妈妈作为中秋节的礼物。可是，现在她并没有钱。

"小朋友，你的布娃娃好漂亮啊"，对面卖竹编的阿姨递给阿香一个竹蜻蜓，"给你玩吧。小姑娘，你是从汕头来的吧？"

"不了，妈妈说不能要别人的东西。我是从潮州来的，离汕头很近，这个布娃娃是我汕头的姑姑去香港给我买的，是我4岁时的生日礼物呢。"

"哦，小姑娘真乖。难怪呢，我就说，山区里面怎么会有这么洋气的玩具啊！"阿姨笑着对阿香说。

"我可以用布娃娃换牛角梳"，阿香这么想着。她用手摸了摸竹框刚刚孵出来的小鸡。这些小鸡刚出生没几天就要被卖掉了，她想起了自己的弟弟，不知道弟弟现在过得怎么样，在家乡能吃饱吗？想到这里，眼眶里都湿润了。

阿香下定了决心，用布娃娃在小货郎那边换了一把牛角梳子，一个大大的中秋月饼，还有一些麦芽糖。妈妈说，走路走累了，快要晕倒的时候，就得吃糖。

妈妈回来了，带回来一个小竹篮，里面装着两只有盖子的、密封很好的那种大木碗，碗里盛着粥。"好香啊，妈妈，这粥真好喝"，阿香一边喝粥一边开心地说到："这粥里还有肉丁呢"。

"今天中秋，镇公所煮的是皮蛋瘦肉粥。"妈妈又从包袱里拿出一双可爱的碎花布鞋，"阿香，给你买了新鞋，你长高了，小脚丫又长长了，赶紧换上吧，中秋快乐！"

"谢谢妈妈！"这时，阿香才发现，妈妈变成短发了，立即惊讶地喊出声来："妈妈！你的头发！"

"妈妈把头发剪了。这里有个采茶戏剧团，他们说妈妈的长头发很好，可以用来做演戏的道具，妈妈就把头发卖给他们了。"

"妈妈"，阿香抱紧了妈妈，"可是你没有长头发了，中元节的时候，爸爸回来看你，就不会认得你了。"

"傻阿香，爸爸在天上，什么都能看见的，妈妈和阿香的事情他都能知道的，他永远都认得阿香和妈妈。妈妈昨天晚上已经在梦里跟爸爸说过了，这头发不剪掉也是保不住的，我们没有粮食，也没有肉和蔬菜。每天这么走路晒太阳，头发迟早要发黄开叉的，还不如卖掉换钱。阿香，你看，妈妈给你买了鞋子，还有这木碗，还有些零钱，这样我们能走得更快些，这几天在路上也不会饿肚子了。"

阿香把妈妈抱得更紧了，说："我昨天也梦见爸爸了，他说，要阿香照顾好妈妈，我们一定能走到江西的。过年的那天晚上，我们点上三柱香，他就能回来看我们了。"

阿香的小手抚摸着妈妈新剪的短发，"妈妈，我也给你准备了礼物。"

"哦？"妈妈很吃惊。

阿香把牛角梳子掏了出来，"我觉得抱着布娃娃走路太热，也太累了，刚才我在庙门口把布娃娃换了牛角梳子，可惜妈妈把头发剪了"，阿香眼神里有些失望……"但是没关系的，短发也可以梳头啊，而且，明年你的头发就会又长那么长了"，阿香开心地说到，用手在妈妈的肩上比划。"而且我还换了糖，这样你走累了就不会晕倒了。"

妈妈松了一口气，捏了捏阿香的小脸蛋，"阿香不但长高了，还懂事了。明年你生日时，妈妈一定买个新的布娃娃。"

"当当当当……"，忽然，阿香从背后又掏出一只大大的月饼，递到妈妈面前，鬼鬼地笑道："还换到了一个大……月饼。"

妈妈开心地笑了，"小阿香，真的长大了啊，还会给妈妈变戏法啊，真是小精灵！"

就这样，阿香和妈妈在这小庙里面度过了一个难忘的中秋节。

成为孤儿

第二天早上，她们满怀信心，继续出发了。

中秋过后，太阳依然很毒辣。她们沿路爬过一座小山坡，在松树下坐下来休息，前面是一大片水田，没有什么遮盖。阿香去前面的水田里摘了两片大叶子，一张顶在自己头顶，一张递给妈妈，"妈妈，这就是莲叶吧？""这不是莲叶，阿香，这是芋头的叶子，莲叶比这个还要大呢。"

后面走来一队人马，几个大人，几个孩子。其中有一个挑着担子，前后的竹篮里分别坐着一个一两岁小男孩，看那发式应该也是潮汕的孩子。乖乖地，小手拉着那吊绳，好奇地看着阿香头顶的"绿帽子"。还有一个人牵着马，马背两侧也有两个扁扁的深深的竹篮，里面也有两个稍大点男孩。另外还有两三个四五岁的孩子被大人牵着手走过去。

"妈妈，妈妈，这几个小弟弟是要被卖掉吗？"阿香抱紧了妈妈问到。妈妈把那芋头叶从阿香头上拿开，抚摸着她光滑的小脸，好一会儿才回答说："不是，他们是去走亲戚呢。"

妈妈用两条毛巾做成两顶小帽子戴在阿香和自己头上，又在小溪边用手舀了点水撒在"小帽子"上，就顶着烈日往前走了。

这天晚上，她们是在一个村庄的祠堂外屋檐下过夜的，那石板很硬，阿香垫着包袱睡还是觉得硌得厉害。半夜里，妈妈开始咳嗽了起来，阿香就起来给妈妈捶背，母女俩一会儿醒，一会儿又迷迷糊糊地入睡。

第二天妈妈的咳嗽就厉害起来了，但是她们还得赶路，这一路上都是逃难的人，村里没有地方可以住，也没有吃的东西可以施舍给灾民，必须尽快赶到江西的救济点去。而这么走的话，至少还需要两三天才能到。

阿香和妈妈现在路上必须靠野果和乞讨填肚子，又急走了两天，终于到了一个临近江西的小乡镇。这里由于饥民的聚集而变得热闹非凡，她们甚至看见前两天在路上碰见的那队人马也在这里暂时歇脚，还有那几个孩子。阿香和妈妈排了两个钟头的队，终于领到一大碗米粥和酸芋禾（一种南方咸菜），总算填饱了肚子。可是妈妈的病已经非常重了，甚至咳出血来。

妈妈领着阿香走向那队人，领头的那女人似乎还认得她们，远远地就摆了摆手，说："女孩不收的，连饭钱都赚不到，现在都是白送还没人要的。"于是又央求了许久，终于答应将阿香带到江西，然后再说。那女人又说："你这肺病怕是不行了，走到地方也没有钱和药来治了，现在兵荒马乱的，你要知道自己的事啊。我们带这几个孩子过去，也不是要赚什么钱，大家能活下来就好。"

阿香立即哇哇大哭起来，妈妈紧紧地抱着她的头，也哭了，脸上不知是自己还是阿香的泪水，都湿漉漉混成一片，说："阿香乖，妈妈这病是不会自己好的，撑不过一两天的，你跟着这位阿姨去江西找个条件好点的人家"，又把包袱递给阿香，"妈妈知道阿香和阿成都会好好活下去的，阿香9岁，很懂事，妈妈记住了，阿香送的牛角梳妈妈很喜欢，这是最好的礼物，放在包里了，你要一直带着。你以后还能记住爸爸妈妈的样子吗？我们没有照片了……算了，记不住就算了，你已经很大了，妈妈害怕没有人愿意买你……"说着，又泣不成声，"在新家里一定不要想妈妈，不要提起爸爸妈妈，要跟着新家里的大人好好过，别想着回家，家里没有人了，你也找不到弟弟的，你不会认得他的…好不好？"妈妈强调说，"阿香，告诉妈妈记住没有？新家里少说话，多做事，当做自己家，千万不要闹着回潮州……"阿香点点头，抽泣不已，肩膀和头颤抖着……

那竹篮里的几个孩子呆呆地望着她们，一个还吮吸着手指，眼睛睁得大大的。阿香也一边哭，一边看着他们，想着他们已经不记得自己的父母家人了，也就没有什么烦恼，而 9 岁的阿香却有着无限的痛苦……

那女人牵着马，领着一队人要上路了。妈妈最后抱了一下阿香，就往反方向跑去，扎进人群里，消失得再也看不见了。

阿香的新家

阿香跟着走了两天，都是夜里下暴雨，白天路也不太好走，终于到了江西的信丰县城。这里街市繁华，熙熙攘攘，完全没有战争的影子。

在水阁塘集贸市场不只是热闹，还异常拥挤。虽然是晴天，地面上的泥点子却很多，踩在上面粘粘的很不舒服，泛起一阵泥土蒸发的气息，往天空中飘去。或许从天上看下来，这里更像是一群蚂蚁聚集在一个脏脏的角落，搬运着食物的碎屑。

这里地势很低，积攒的泥浆甚至有半尺多高，要光着脚才能蹚过去。只有卖竹木制品的一面白墙下还有些空位，因为晒着太阳，一队人便靠着墙角的"狗皮膏药"招牌站着。没有吆喝声，他们只是静静地蹲在那边休息，有明白的便上来低声低语地问上几句，然后匆匆转身离开。阿香听不到他们说什么，也听不懂，但是天还没黑下来，竹篮里的小男孩都被买走了。阿香虽然认识他们只有两天，可是两天来一直照顾这几个弟弟，给他们喂水、洗衣服，这乍一分别，还有些依依不舍，于是都哭了起来。阿香的哭还有想妈妈的因素，她不像那些男孩一样张开嘴嚎啕大哭，而是顺着这阵势闷闷地抽泣，即便是忍不住发出声来，也不让别人听见。"或许此刻，便是妈妈的忌日了"，但阿香却无法知道她的情形，只能想办法自己活下来，才符合妈妈的愿望。这么想着，阿香的泪便一直止不住。天将要黑下来，那女人带着剩下的孩子们找过夜的去处。

离开集贸市场，来到大街上，阿香看到对面有一家很大的老字号餐饮店铺"荣花源"，几个开盖的蒸笼里分别码放着"开花馒头""发糕""包子""花卷"等等好吃的。和潮汕的糕点花样不同，但同样的诱人。好香好香啊，那一定是用酒酿发酵做出来的，才有那种香气。妈妈给自己起小名阿香，就是因为生她之后，闻见那汤河粉的香气而起的名字，小名要随意，才好养活，爸爸却是当真的，顺着给她起名叫何元香。阿香的大眼睛一直盯着那"开花馒头"

和"发糕"，停着不走了，那女人本想拉着她离开，但想了一下几个孩子也一天没吃东西了，便停了下来，买了两个馒头，分给四个孩子每人半个。店铺里有一个十二三岁的男孩，也一直在盯着阿香看，刚好店里女主人前来呼唤这男孩，也看见了阿香的大眼睛，便招呼了一下："眯眯（meimei）仔，潮州过来的啊？"阿香没有回答，因为她嘴里在吃着那"开花馒头"。那女人接话了："老板娘要是喜欢，就留下她吧，给个几天饭钱就行。"于是，阿香便有了新家。

阿香的新家并不在这餐厅楼上，而是在南门的一条小巷子里。打烊后，阿香跟着"哥哥"回家，巷子口有一幢高大的建筑，那墙壁是阿香很熟悉的"锅耳墙"，后来才知道这是广东会馆。巷子里铺满了青石板，两侧都是高高的马头墙，从一个黑漆漆的大门进去，是个门厅，从门厅两侧往里去，正中是个大天井，有些光亮，便绕着右侧走廊过去。天井的后面正中是个大祠堂，有些老人在那里聊天，祠堂左右两边各有一条甬道，黑暗而幽长，他们沿着祠堂右边的甬道走。"哥哥"说这里住了好多户人家，刚才那些都是邻居们，出来甬道，又见一线光亮，原来这又是一个小天井，这是两层的北厢房，就是家了。

过了一会儿，"老板娘"也回家了，从此，阿香便也叫她"妈妈"。这家人原来就母子俩，店铺里其他人都是帮佣而已。这"哥哥"名叫金圣元，因为名字中也有一个元字，两人便很快熟络了起来。阿香便叫他"阿元"，你一言我一语，讲述各种故事，阿香毕竟是个孩子，渐渐忘记了之前的事，心情愉悦起来。哥哥要上学，阿香就跟着新妈妈去店里帮忙做事情，后来县里响应"新赣南运动"开了"女童识字班"，妈妈也让阿香去上学了，每天只需要上半天课，其余时间阿香仍然在店里帮忙。

这里是赣粤两省交界的山区，没有特别大的战事，抗战胜利后，内战也没有给这里带来特别的波澜。这里还是鱼米之乡，虽是乱世，但只要愿意劳作，吃穿不愁，日子还算安稳。

成家立业

幸福的时光总是过得很快，1949 年，在妈妈的安排下，阿香和阿元结了婚，于是"妈妈"就成了"婆婆"。这一年，阿香 16 岁。1950 年，他们的第一个孩子出生了，是个男孩。

50 年代是个"波澜壮阔"的年代。在政府的倡导下，县城的餐饮店开始了合营，婆婆首先交出了经营了一百多年的老字号"荣花源"，房产地契还有钥匙一起交给了政府，婆婆、阿元、阿香光荣地成为了"县劳动服务公司"的职工。成为"公司职员"后，上班的地点也各不同，阿元还是在原来的店里上班，阿香则是在农贸市场的一家店里上班，而婆婆则成为了餐饮服务部的"会计"。阿香要带孩子，就把家里的"竹站篮"搬到店里的厨房边，把孩子放在站篮里面，在炒菜做饭的间隙，就可以抽空哄哄孩子。

　　为了照顾孩子，阿元后来也向领导申请去农贸市场上班，领导一直没有同意。因为，阿元是个"白案"师傅，做包子、馒头、发糕、"吊桶绳"可是一把好手，还是传统美食绝技"信丰萝卜饺"的嫡系传人，并且，这间店铺是县城最中心最大的一家餐饮店，是县里的门脸和招牌，领导是不会放他去其他店铺的。于是为了照顾这一家，便把阿香又调回了阿元的店铺。阿香手脚麻利，是个"红案"师傅，就是那种炒菜特别拿手的，这间店又恢复了原来的模式，仍然是以金家为主打理。

　　接下来，就是划分阶级成分了。一家人最终被定为"小业主"，阿香很不服气，我一个"旧社会"逃难要饭的孩子，解放后怎么成了"小业主"了呢？于是填表的时候，偏偏学别人，要做"贫下中农"，看着别人写"平农"，她也便跟着写"平农"，反正后来很长一段时间，都流行简化汉字，很多汉字都简化和归一了，只要读音类似，怎么写都行。比如说做人要"一言九鼎"，写成"一言九丁"，甚至"1讠9丁"也是可以的。这比起我们现在的网络用语来，不知道早了多少年呢。

第二个、第三个孩子也出生了，一家人更加忙碌了。有一天，婆婆突然被抓走了，说是"右派"分子，阿元和阿香急坏了，急忙去镇政府、县政府找相关部门说情，第二天，婆婆终于被释放回家了，虽然允许回家，但"劳动改造"还是免不了的，过几天就要"下放"农村劳动。

这时阿香的第四个孩子也出生了，婆婆下乡了，更没有人带孩子了，只好让大孩子带小孩子，半大的孩子让邻居托管。这时有人找上门来，说已经调查过阿香的背景了，要她与自己的婆婆和老公"划清界限"，这样阿香的阶级成分就是"贫下中农"，不再是"小业主"，但她必须承认自己是被买来做"丫鬟"服侍金家的，并揭发自己的婆婆有哪些剥削行为。阿香大为惊讶，觉得眼前这人太可怕了，太恐怖了，她坚决地拒绝了这种"忘恩负义"的行为。

可是他们还是找到了以前的帮佣来指正金家是"剥削阶级"，说自己在金家帮了一辈子佣，被剥削了一辈子。阿香发现，这帮佣正是之前婆婆常常接济的那个远亲，对他最好的那一个。这样一来，阿元和阿香也得接受"上山下乡"的改造了，孩子们只能全部托付给亲戚和邻居看管。全家人到处"求爷爷告奶奶"，才得以暂时留在城里工作。

三年困难时期，鱼米之乡也没有饭吃了，家家都揭不开锅，去集贸市场捡来的烂菜叶俗称"茅菜"已经算是最好的食材。但在最困难的时间里，市场也几乎关闭了，菜叶也就无从捡起，大家只好到乡下的田间地头去挖无主的笋和草根，这些资源很快也都枯竭了。此时婆婆已经严重营养不良，加上辛苦的劳动，迅速地衰老了。有一天，阿香得知婆婆要回城，便中午时抽空回家，向邻居借了一点米，蒸了一碗米饭放在桌子上然后去上班了，心想婆婆到家就能吃上了。

可没想到这一天学校提前放学，孩子们比婆婆更先到家，家里有两个月没有出现过白米饭了，每个孩子都认为自己更有理由吃这碗饭，便争吵着，一拥而上抢夺那碗珍稀的米饭。虽然分食后还是饿，但大家已经缓过神来了，便讨论起这碗米饭为什么出现在这里，待到婆婆和阿香都回到家，才知道缘由。婆婆和阿香都没有责骂孩子们，可是孩子们很内疚，同时又觉得委屈，都哭了起来，婆婆看到家中这种光景也哭了，全家人哭成一片。只有阿香没有流泪，她还能清晰地记得20年前的那种饥饿感，这次只不过是昨日重现而已，她并不觉得这道坎会过不去，至少，现在还有家可以遮风避雨，还没有得妈妈当年的那种肺病。

进入60年代，由于"成分"不好，孩子上学都遇到了很大的问题，只能排在贫农家的孩子之后候补名额。阿香此时一共生了六个孩子，可是，"小业主阶级"的家里却没有足够的鞋子给每一位家庭成员穿，有一次，光脚丫的小儿子被街面上的铁钉扎透了脚，血流满地，紧急送往医院才抢救过来。

一家人小心翼翼地生活着，好不容易缓过来，婆婆却在上山下乡的饥寒交迫中离世了，这个庇护了全家几十年的坚强而仁慈的女性，阿香的恩人，终于停止了劳作，永远地躺下了。

城市里容纳不了更多的人吃饭，家中没有主心骨，也没有能在外说得上话的人，于是阿香和阿元还是被分配到山区去劳动，每人每天要砍40根毛竹才能吃饭。可是阿元从小在婆婆的庇护下生活，从来没有下乡干过农活啊，于是阿香一天要砍 80 根毛竹才能下山。

天黑了，下山的路上，好几条眼镜蛇拦在路中间，伸着脖子盯着阿香一动不动，她赶紧对着那群蛇作揖道："求求你们让我们过去吧，我们不是本地人，我们只是来讨口饭吃的"，那群蛇竟然各自散去了。

回到寄居的村民家，却得到一个更可怕的消息，小儿子独自呆在城里的家中，因口渴直接喝了暖瓶中的开水，被严重烫伤了，于是两人立即走夜路往县城赶，一路披星戴月，终于在天亮时回到了久违的家中。于是阿香决定，无论如何，不管谁来驱赶，他们再也不要离开家了。阿香从此成为了家中新的"主心骨"。

多年媳妇熬成婆

到了 70 年代，生活终于稳定了下来。

有一年，街道上分配下来一个上大学的名额，可是孩子们都在初中毕业后就上山下乡，整个街道应届高中毕业生竟然只有两个。其中一个是阿香的三女儿，而另外一位出生于"正宗的三代贫农"家庭，因此贫农家孩子被推荐去上大学。可奇怪的是，那孩子死活也不愿意去上学，因为她从来没有离开过家，害怕外出，于是组织上给她安排了一个街道工厂的工作，阿香的三女儿开开心心地去上大学了，金家终于出现了第一个大学生。生活有时候也不那么苦，偶尔给你点惊喜，只不过多数人不知道这惊喜会什么时候到来，但它一定属于有准备的人。

可是问题又出在了小女儿身上，她四五岁了，听力好像还是不行，话也说不太利索，到了上学的年龄，反应还是很迟钝。听不清对方说话的时候，她就对那人抿嘴笑一笑，点点头，开始大家不懂，以为是语言不通，这小朋友还挺有礼貌的，于是就问阿香："你们家怎么还收养了一个日本孩子啊？"

阿香努力地回忆了一下，觉得问题有可能出在了自己怀孕的时候。那时"文革"开始了，医院都不在正常运行状态，缺医少药，就只有"打鸡血"、吃四环素那几招。听人介绍看了一个老中医，胡乱吃了一些草药，后来好几个怀孕妇女都觉得生下的孩子有问题，可能跟那老中医开的药有关。然而这事没有证据，大家也只好碰面时相互抱怨一下。事已至此，阿香觉得再去责怪那医生也没有意义，毕竟是特殊时期发生的情况。几十年来，阿香什么事情都遇到过，但怨天尤人从来没有解决过问题，只好自己多辛苦一些，把一个孩子当作两个孩子来带，反正六个孩子，也就不多那一份辛劳。话虽这么说，后来这老六丫头上学、升学被人欺负，毕业、就业、结婚，也没有少操心，几乎成了阿香的最大一块心病。

1974年，大儿子结婚了，阿香终于自己做了婆婆。1976年，阿香有了第一个孙子，40岁出头的她竟然成了阿香奶奶。阿香奶奶后来带着孙子去上班，相比二十多年前，反而不觉得那么辛苦了，人人都来恭维："孙子都这么大了啊，阿香好福气啊！"

1977年恢复高考后，小儿子考上了大学，这是金家的第二个大学生。好像一切都恢复了，就像冬去春来，生活回转到了只要努力，就有回报的状态。冬天无论种什么都不长个，徒费力气，而春天只要播种，就有收获。

改革开放后，政策变了，再也不用凭介绍信和票证吃饭住宿了。

两年后，社会上多了一个叫做"承包"的词。于是县里说，那些发不出工资来的小集体企业，都可以搞承包制。

离退休还有年头，阿香奶奶于是和阿元爷爷讨论承包店铺自己做。阿元爷爷有些担心，之前母亲在世的时候，所有的事情都不用自己操心，只要跟着干活就能赚到钱，可30年过去，自己50多岁了再开店，还能行吗？孩子们大多已经在单位上班了，按说六个孩子今后凑起来也能供自己养老，可想着还是不牢靠，还不算老，总得自己做点什么吧。阿香奶奶就说："想这么多干嘛，不如先做再说，难道比以前快要饿死的时候还要可怕？前两次我都没饿死，这次也不会！"

于是阿香奶奶和阿元爷爷就把自己原来那家店承包下来了，每个月上交固定利润，职工一个都不能辞退，但阿香奶奶相信自己是可以改造他们的。

他们把小女儿带上一起开店，可是很快就发现，除了他们三个人，就几乎没有什么能干活的人了。其他人要么把事情搞砸，要么就只能打打下手，拖拖地擦擦桌子，服务态度也不好，等于活生生把顾客往外赶。与计划经济时代完全不同，顾客手上有钱，爱吃哪家就往哪家跑了。这些职工脾气还很大，因为有编制在撑腰，稍微说他几句，就回过来一句："好像这店又成你们自己家的一样，不满意就让领导把我们调走啊，换一批，说不定更老更不会干活啊。"几个月下来，赔了不少钱，人也累得够呛，阿香奶奶再也不相信自己有改造他人的能力了。

店里人多嘴杂，回到家才能讨论怎么改进。阿香奶奶想，当初阿元爷爷的担心不是没有道理啊，只是没有把利弊都分析清楚：

"如今和40年代我们自己开店时的确不一样了，先不说，这城墙就没了，人不再集中在城内了，环城马路上，开了很多私人的店。比如福建千里香馄饨生意就挺好，甚至连摆个小摊生意都不错呢。"

阿香奶奶对阿元爷爷继续说到："城外现在交通便利了，乘车外出的人，多是图个快，如果还要绕到老城大街上买个馒头吃碗面，就太折腾了。城里人多数是在家自己煮饭，连早餐都自己做，城内应该是以正餐和筵席为主。另外，公司留下的那几个职工，完全起不到作用，做服务员太老，做"红案""白案"手艺都太差，又不肯学习不听话。"

"那怎么办？难道我们要把店退掉？"

"对，退掉它，那些人我们管不了，我们自家三个人，开个小食店还可以，办酒席根本做不到。城里店租太贵，我们可以去城外先租个小店做起来。"

阿元爷爷同意了，于是他们放弃了原来的店铺，去城北的马路上租了一个店面，这里是汽车站的一个"临时"停靠点。"临时"停靠点，就是说本来不能停车的，可当时班车也都被承包了，往北和往西走的司机为了多揽客，都会在这里停下来拉客，久而久之，这里就有很多旅客聚集了。

阿香奶奶和阿元爷爷每天摸黑起床去店里做早点，后来就干脆住在了店里。他们总结了一个"天亮原则"，就是不论夏天或者冬天，只要天一亮，就会有班车，有乘客，他们必须在天亮前起床把早点做好，把这一波生意做到手。本来"天亮原则"是只要天亮着，就必须开门做生意，天黑了就可以打烊休息了，但后来晚上也有班车，人也不少了，实际上会一直持续工作到夜里十点。这和以前计划经济按时按点发车完全不同，"商品经济时代"，只要有需求，就会有供给。

城北马路边不只是早、中、晚饭点的客人才多，而是全天候吃饭的人都多，三个人从早忙到夜里不停，虽然只是小吃小点心，但营收并不少。后来，阿香奶奶申请了烟草售卖许可，又在店里增加了些副食品零售，也都卖得很好。一年下来，辛苦的劳动终于有了回报，阿元爷爷算了一下账，除去房租和各种开销，留下的利润竟然比他们三个人10年的工资还要高！他们成功了。

而城里原来的店铺由于他们的离开，经营上陷入了更加无序的境地，半年前就发不出工资了。于是职工们干脆回家歇业，店铺终于关上了大门。就在公司经理打算将这间铺面对外出租的时候，阿香奶奶和阿元爷爷找到了公司领导，仍旧以承包的形式拿下，但公司可以保证不塞给他们原有的职工。这和租赁本质上是一样的，"集体所有制"的保护帽还在，双方都有面子。这样，他们便拥有了两家连锁店。而且，这次开店，他们还可以同时使用自己原来的老字号招牌"荣花源"和"县劳动服务公司餐饮服务部"两块招牌。

又过了一年，他们开了第三家店……

1988 年 8 月 8 日，这个寓意着"发发发发"的日子里，阿元爷爷为三家"荣花源"举行了挂牌仪式。此时，除了店铺产权不同，一切都和以前一样了，阿香奶奶终于和阿元爷爷一起复兴了家族的事业。

他们退休后，就把店铺转交给了小女儿打理，生意依旧红火，并最终把老店的产权买了回来。阿香奶奶终于可以对自己怀孕吃错中药有一个交代了，心头几十年的结终于解开了。

阿香奶奶历经了抗战、内战、土改、合营、大跃进、上山下乡、"文革"、改革开放，苦尽甘来，子孙满堂。

她一共生了六个孩子，六个子女后来都有了自己的孩子，年初二聚会的时候，两张 12 人的大桌子，小孩一桌，大人一桌，都挤不下了，必须加椅子才能坐下。

90 年代初，阿香奶奶终于带着小儿子，第一次回到了半个世纪以来，只在梦里出现过的潮州。她之前通过书信寻找到了弟弟，弟弟当年跟着那户人家逃到了泰国曼谷，后来成为了企业家。这次也一起回故乡，两个老人抱头痛哭了一下午。

阿香奶奶手上拿着当年送给她妈妈的那把牛角梳，往村南望去，大海已成桑田，海岸线往外延伸了几公里，白茫茫一片，只有那海鸥，声声惊心，依然如故。

故事后记

以上根据真实故事改编。三年前，我第一次去赣南，见到了"阿香奶奶"。故事中大量情节都是她的真实经历。后来我去过一次潮汕，目的就是去看看阿香奶奶的出生地，感受潮汕百年，沧海桑田。潮州府，近代以前一直是粤东地区的中心城市，美食之都，著名侨乡。潮州的海外人口也远远超过了其本土人口，华人首富李嘉诚便是潮州人，他在潮汕地区的捐助非常多，除了汕头大学外，韩江上修葺一新的广济桥，他也捐助了720万而居首位。入夜之后，广济桥以及对面的韩山每天晚上会有音乐灯光秀，歌词讲述的是潮州人浪迹天涯不忘故乡的情怀，节目非常不错。在这里，我了解到更多关于潮汕的历史和风土人情。

大家都知道《一九四二》这部电影吧？抗战时期中原地区爆发大饥荒，饿死了二三百万人。几十年后，在影院里的人们，对着屏幕回顾这段历史，都会感觉压抑得不得了。

实际上，在同一时期的潮汕地区，也发生了类似的悲剧。从1938年到1945年，潮汕地区饿死的人数也不下二三百万。其中高峰期是1943年，处于抗战最艰难的时期，通往港澳东南亚的海运中断，加上军事控制区的割裂，严重依赖稻米输入的潮汕地区爆发大饥荒。上百万人逃往赣南、港澳、东南亚等地，其中又有很多人因路途遥远而累死、饿死，或遇战难而死。

人们的命运最终取决于大时代，在和平年代尚可以为不公而抗争、呼吁；但在战争年代，活着就已经是奢望了，更顾不上是什么活法，什么尊严了。二三百万死去的人们，绝大部分名字已经被人遗忘，连死亡的方式，也几乎都被官方统一标记为"饿死"。

那个年代潮汕人的选择，对他们未来的人生，有重大的转折作用。当时逃离的方向主要是三个：一个是去港澳，主要集中在抗战爆发的早期，饥荒尚未凸显，日军未占领香港，大多是主动式逃离潮汕，投靠亲友为主，李嘉诚便是其中之一；其二是前往南洋，即马来西亚、泰国等东南亚国家，因为那里有许多先行到达，落地生根的潮汕亲友；其三便是1943年饥荒最严重的年份，海路被堵死了，数十万人翻山越岭逃往江西、福建。

前往港澳、新加坡的潮汕人，大多是有亲友投靠，属于主动式逃离的。其中经济条件稍微好些的，都从事了经营活动，开餐馆商铺，乃至于后来产生了地产大亨、华人首富。

去往东南亚，比如泰国的许多潮汕人，大多也通过艰苦努力，逐渐成为当地较为富裕的阶层，有些也成了名流巨贾，却每隔一个周期就要经历排华事件，发家史同时交织着血泪史。即便是在相对和善的佛教国家——泰国，华人，当然其中大部分是是潮汕人，仍然避免不了经常被排挤的命运。

而最后一批逃往江西、福建的，大多是无依无靠地被动式逃离。其中的儿童，特别是女童，大多是被贩卖掉的。虽然平安存活了下来，但后续也经历了几十年社会动荡和沧桑巨变，各种运动和变革的影响。直到改革开放后才彻底迎来好日子。她们来到这个世界上，拿到手的是一把"烂得不能再烂的牌"，然而其中仍然有许多人通过努力改变了命运，阿香奶奶就是其中一位。

八九十年代后，潮汕地区改革开放率先摆脱了贫困，赣南、闽西的经济、交通情况随后也得到改善，大量当年逃难的潮汕人开始回乡寻亲。现实中的阿香奶奶就是在 1990 年前后回到潮州的潮阳县（现汕头市潮阳区）寻亲的。这些潮汕人都已经在江西等地安家、落户、生根几十年，只是回故乡看看兄弟姐妹。多数人的父母已经离去了，烧上一炷香后又要回到客居地，继续和自己的子孙将眼下的生活进行下去。故乡和客乡，仿佛前世今生一般。

时至如今，仍然有许多老人由于各种因素始终没回过潮汕。我在网上了解到，这几年已经有民间公益组织发起的"梦归潮汕"活动，帮助许多已处古稀之年的潮汕人回老家寻亲。这些老人往往都 90 多岁了，即便 1943 年逃难时是个婴儿，现在也已过古稀，所以这项公益活动几乎是在与时间赛跑。在此，也向参与该活动的善心人士致敬！